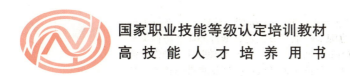

铣工试题库

(高级、技师、高级技师)

国家职业技能等级认定培训教材编审委员会　组编
　主　编　胡家富
　参　编　尤根华　王　珂
　　　　　吴卫奇　方金华

机械工业出版社

本书是依据《国家职业技能标准 铣工》高级、技师、高级技师的相关知识和技能要求,针对参加职业技能等级认定者进行考前准备而编写的。本书内容既包含考核重点和试卷结构、理论知识考核指导、操作技能考核指导,又附有基本要求试题、理论知识考试模拟试卷和操作技能考核模拟试卷,能帮助考生在短时间内突破考试难点、重点,更好地把握考题意图。

　　本书可作为铣工参加职业技能等级认定的考前复习用书,也可作为职业技能等级认定培训机构的考前培训用书。

图书在版编目（CIP）数据

铣工试题库：高级、技师、高级技师 / 胡家富主编. —北京：机械工业出版社，2021.12

国家职业技能等级认定培训教材　高技能人才培养用书

ISBN 978-7-111-58638-8

Ⅰ. ①铣… Ⅱ. ①胡… Ⅲ. ①铣削 – 职业技能 – 鉴定 – 习题集 Ⅳ. ① TG54-44

中国版本图书馆 CIP 数据核字（2022）第 024879 号

机械工业出版社（北京市百万庄大街 22 号　邮政编码 100037）
策划编辑：侯宪国　　　　　责任编辑：侯宪国　王　良
责任校对：张　薇　贾立萍　封面设计：马若濛
责任印制：邰　敏
三河市宏达印刷有限公司印刷
2022 年 7 月第 1 版第 1 次印刷
184mm×260mm ・ 16.5 印张 ・ 329 千字
标准书号：ISBN 978-7-111-58638-8
定价：59.80 元

电话服务　　　　　　　　　网络服务
客服电话：010-88361066　　机 工 官 网：www.cmpbook.com
　　　　　010-88379833　　机 工 官 博：weibo.com/cmp1952
　　　　　010-68326294　　金 书 网：www.golden-book.com
封底无防伪标均为盗版　机工教育服务网：www.cmpedu.com

国家职业技能等级认定培训教材

编审委员会

主　任　李　奇　荣庆华

副主任　姚春生　林　松　苗长建　尹子文
　　　　周培植　贾恒旦　孟祥忍　王　森
　　　　汪　俊　费维东　邵泽东　王琪冰
　　　　李双琦　林　飞　林战国

委　员（按姓氏笔画排序）
　　　　于传功　王　新　王兆晶　王宏鑫
　　　　王荣兰　卞良勇　邓海平　卢志林
　　　　朱在勤　刘　涛　纪　玮　李祥睿
　　　　李援瑛　吴　雷　宋传平　张婷婷
　　　　陈玉芝　陈志炎　陈洪华　季　飞
　　　　周　润　周爱东　胡家富　施红星
　　　　祖国海　费伯平　徐　彬　徐丕兵
　　　　唐建华　阎　伟　董　魁　臧联防
　　　　薛党辰　鞠　刚

序

Preface

新中国成立以来,技术工人队伍建设一直得到了党和政府的高度重视。20世纪五六十年代,我们借鉴苏联经验建立了技能人才的"八级工"制,培养了一大批身怀绝技的"大师"与"大工匠"。"八级工"不仅待遇高,而且深受社会尊重,成为那个时代的骄傲,吸引与带动了一批批青年技能人才锲而不舍地钻研技术、攀登高峰。

进入新时期,高技能人才发展上升为兴企强国的国家战略。从2003年全国第一次人才工作会议,明确提出高技能人才是国家人才队伍的重要组成部分,到2010年颁布实施《国家中长期人才发展规划纲要(2010—2020年)》,加快高技能人才队伍建设与发展成为举国的意志与战略之一。

习近平总书记强调,劳动者素质对一个国家、一个民族发展至关重要。技术工人队伍是支撑中国制造、中国创造的重要基础,对推动经济高质量发展具有重要作用。党的十八大以来,党中央、国务院健全技能人才培养、使用、评价、激励制度,大力发展技工教育,大规模开展职业技能培训,加快培养大批高素质劳动者和技术技能人才,使更多社会需要的技能人才、大国工匠不断涌现,推动形成了广大劳动者学习技能、报效国家的浓厚氛围。

2019年国务院办公厅印发了《职业技能提升行动方案(2019—2021年)》,目标任务是2019年至2021年,持续开展职业技能提升行动,提高培训针对性实效性,全面提升劳动者职业技能水平和就业创业能力。三年共开展各类补贴性职业技能培训5000万人次以上,其中2019年培训1500万人次以上;经过努力,到2021年底技能劳动者占就业人员总量的比例达到25%以上,高技能人才占技能劳动者的比例达到30%以上。

目前,我国技术工人(技能劳动者)已超过2亿人,其中高技能人才超过5000万人,在全面建成小康社会、新兴战略产业不断发展的今天,建设高技能人才队伍的任务十分重要。

序 Preface

　　机械工业出版社一直致力于技能人才培训用书的出版，先后出版了一系列具有行业影响力，深受企业、读者欢迎的教材。欣闻配合新的《国家职业技能标准》又编写了"国家职业技能等级认定培训教材"。这套教材由全国各地技能培训和考评专家编写，具有权威性和代表性；将理论与技能有机结合，并紧紧围绕《国家职业技能标准》的知识要求和技能要求编写，实用性、针对性强，既有必备的理论知识和技能知识，又有考核鉴定的理论和技能题库及答案；而且这套教材根据需要为部分教材配备了二维码，扫描书中的二维码便可观看相应资源；这套教材还配合天工讲堂开设了在线课程、在线题库，配套齐全，编排科学，便于培训和检测。

　　这套教材的出版非常及时，为培养技能型人才做了一件大好事，我相信这套教材一定会为我国培养更多更好的高素质技术技能型人才做出贡献！

中华全国总工会副主席

高凤林

前言 Foreword

　　社会主义市场经济的迅猛发展，促使各行各业处于激烈的市场竞争中。人才的竞争是一个企业取得领先地位的重要因素，除了管理人才和技术人才，一线的技术工人始终是企业不可缺少的核心竞争力量。我国的机械行业正在走向国际合作的技术领域，面对世界范围的挑战，需要大批技艺精湛的技术工人作为保证。由此，我们按照中华人民共和国人力资源和社会保障部制定的《国家职业技能标准　铣工》，编写了本书。

　　本书针对参加职业技能等级认定者进行考前准备而编写，内容既包含考核重点和试卷结构、理论知识考核指导、操作技能考核指导，又附有基本要求试题、理论知识考试模拟试卷和操作技能考核模拟试卷，能帮助考生在短时间内突破考试难点、重点，更好地把握考题意图。本书可作为铣工参加职业技能等级认定的考前复习用书，也可作为职业技能等级认定培训机构的考前培训用书。

　　本书由胡家富主编，尤根华、王珂、吴卫奇、方金华参加编写。

　　由于时间紧迫，以及编者的水平有限，书中难免存在不足之处，热忱欢迎广大读者批评指正，在此表示衷心的感谢。

　　书中带"*"的为高级技师级别的内容和试题。

编　者

序

前言

高　级

第1部分　考核重点和试卷结构 ············ 2

一、考核重点 ············ 2
二、试卷结构 ············ 4
三、考试技巧 ············ 4
四、注意事项 ············ 5
五、复习策略 ············ 5

第2部分　理论知识考核指导 ············ 6

理论模块1　平面和连接面加工 ············ 6

一、考核范围 ············ 6
二、考核要点详解 ············ 6
三、练习题 ············ 7
四、参考答案及解析 ············ 10

理论模块2　台阶和沟槽加工 ············ 12

一、考核范围 ············ 12
二、考核要点详解 ············ 12
三、练习题 ············ 13
四、参考答案及解析 ············ 17

Contents

理论模块3　齿形加工 ·· 19
 一、考核范围 ··· 19
 二、考核要点详解 ··· 19
 三、练习题 ·· 20
 四、参考答案及解析 ··· 25

理论模块4　孔加工 ·· 29
 一、考核范围 ··· 29
 二、考核要点详解 ··· 29
 三、练习题 ·· 30
 四、参考答案及解析 ··· 34

理论模块5　成形面、螺旋面和曲面加工 ································· 36
 一、考核范围 ··· 36
 二、考核要点详解 ··· 36
 三、练习题 ·· 37
 四、参考答案及解析 ··· 46

理论模块6　刀具齿槽加工 ··· 50
 一、考核范围 ··· 50
 二、考核要点详解 ··· 50
 三、练习题 ·· 50
 四、参考答案及解析 ··· 55

理论模块7　设备维护与保养 ··· 58
 一、考核范围 ··· 58
 二、考核要点详解 ··· 58
 三、练习题 ·· 59
 四、参考答案及解析 ··· 65

Contents

目 录

第3部分 操作技能考核指导 …………………………………………… 67

实训模块1 平面和连接面加工 ………………………………………… 67
 实训项目1 复合斜槽和燕尾铣削 …………………………………… 67
 实训项目2 复合斜面铣削 …………………………………………… 69
 实训项目3 薄形工件铣削 …………………………………………… 70
 实训项目4 薄形工件数控铣削 ……………………………………… 71

实训模块2 台阶和槽加工 ……………………………………………… 72
 实训项目1 销孔燕尾配合件铣削 …………………………………… 72
 实训项目2 滑块配合件铣削 ………………………………………… 73
 实训项目3 斜双凹凸配合件铣削 …………………………………… 77
 实训项目4 圆周均布沟槽型面数控铣削 …………………………… 78

实训模块3 齿形加工 …………………………………………………… 81
 实训项目1 套类螺旋齿轮铣削 ……………………………………… 81
 实训项目2 大质数直齿锥齿轮铣削 ………………………………… 82
 实训项目3 高精度矩形离合器铣削 ………………………………… 83
 实训项目4 飞刀展成蜗轮铣削 ……………………………………… 84

实训模块4 孔加工 ……………………………………………………… 86
 实训项目1 极坐标孔系加工 ………………………………………… 86
 实训项目2 模板孔系加工 …………………………………………… 87
 实训项目3 组合模板孔系数控加工 ………………………………… 89

实训模块5 成形面、螺旋面和曲面加工 ……………………………… 91
 实训项目1 等速圆柱凸轮铣削 ……………………………………… 91
 实训项目2 等速盘形凸轮铣削 ……………………………………… 92
 实训项目3 内外球面套铣削 ………………………………………… 93
 实训项目4 凸凹模铣削 ……………………………………………… 94

目录 Contents

　　实训项目5　椭圆型面组合件数控加工 …………………………… 95
实训模块6　刀具齿槽加工 …………………………………………… 99
　　实训项目1　错齿三面刃铣刀齿槽铣削 …………………………… 99
　　实训项目2　单角铣刀齿槽铣削 …………………………………… 100
　　实训项目3　圆柱形铣刀螺旋齿槽铣削 …………………………… 101
实训模块7　设备维护与保养 ………………………………………… 103
　　实训项目1　升降台铣床几何精度的检测与调整 ………………… 103
　　实训项目2　升降台铣床的常见故障判断和排除方法 …………… 104
　　实训项目3　数控铣床的几何精度和切削精度检验 ……………… 105
　　实训项目4　数控铣床常见故障的判断和排除方法 ……………… 106

第4部分　模拟试卷样例 ……………………………………………… 108

理论知识考试模拟试卷 ………………………………………………… 108
　　试卷一 ……………………………………………………………… 108
　　试卷二 ……………………………………………………………… 111
理论知识考试模拟试卷参考答案 ……………………………………… 114
　　试卷一 ……………………………………………………………… 114
　　试卷二 ……………………………………………………………… 115
操作技能考核模拟试卷 ………………………………………………… 116
　　试卷一 ……………………………………………………………… 116
　　试卷二 ……………………………………………………………… 118

目录
Contents

技师、高级技师

第5部分 考核重点和试卷结构 ·················· 120
- 一、考核重点 ·················· 120
- 二、试卷结构 ·················· 121
- 三、考试技巧 ·················· 122
- 四、注意事项 ·················· 122
- 五、复习策略 ·················· 123

第6部分 理论知识考核指导 ·················· 124
- 理论模块1 成形面、螺旋面和曲面加工 ·················· 124
  - 一、考核范围 ·················· 124
  - 二、考核要点详解 ·················· 125
  - 三、练习题 ·················· 125
  - 四、参考答案及解析 ·················· 134
- 理论模块2 难加工材料加工 ·················· 139
  - 一、考核范围 ·················· 139
  - 二、考核要点详解 ·················· 139
  - 三、练习题 ·················· 139
  - 四、参考答案及解析 ·················· 142
- *理论模块3 特形工件加工 ·················· 144
  - 一、考核范围 ·················· 144
  - 二、考核要点详解 ·················· 144

目录

　　三、练习题 …………………………………………………………… 144
　　四、参考答案及解析 ………………………………………………… 153
理论模块4　设备维护与保养 ………………………………………………… 159
　　一、考核范围 ………………………………………………………… 159
　　二、考核要点详解 …………………………………………………… 159
　　三、练习题 …………………………………………………………… 160
　　四、参考答案及解析 ………………………………………………… 162
理论模块5　技术管理 ………………………………………………………… 164
　　一、考核范围 ………………………………………………………… 164
　　二、考核要点详解 …………………………………………………… 164
　　三、练习题 …………………………………………………………… 165
　　四、参考答案及解析 ………………………………………………… 168
理论模块6　培训指导 ………………………………………………………… 170
　　一、考核范围 ………………………………………………………… 170
　　二、考核要点详解 …………………………………………………… 170
　　三、练习题 …………………………………………………………… 170
　　四、参考答案及解析 ………………………………………………… 172

第7部分　操作技能考核指导 ……………………………………………… 173

实训模块1　成形面、螺旋面和曲面加工 …………………………………… 173
　　实训项目1　螺旋锥铰刀齿槽铣削 ………………………………… 173
　　实训项目2　吊钩锻模（上、下模）铣削 ………………………… 175
　　实训项目3　T形配合件铣削 ……………………………………… 176
　　实训项目4　大半径圆弧面铣削 …………………………………… 178

Contents

  实训项目 5 复杂零件数控铣削 …………………………………………… 179
实训模块 2 难加工材料加工 ……………………………………………………… 181
  实训项目 1 不锈钢工件铣削 ……………………………………………… 181
  实训项目 2 高强度钢模具外形、型腔修正铣削 ………………………… 182
  实训项目 3 钛合金盘形工件铣削 ………………………………………… 184
  实训项目 4 难加工材料工件数控高速铣削 ……………………………… 185
*实训模块 3 特形工件加工 ………………………………………………………… 186
  实训项目 1 六角配合件铣削及工艺分析 ………………………………… 186
  实训项目 2 涡轮精铸模铣削及工艺分析 ………………………………… 189
  实训项目 3 直齿轮修配件及修配工艺分析 ……………………………… 191
  实训项目 4 专用夹具的专题分析和改进方案 …………………………… 193
  实训项目 5 专用刀具的专题分析和改进方案 …………………………… 194
  实训项目 6 叶片模具型面数控铣削工艺分析和改进 …………………… 197
  实训项目 7 五面体零件数控铣削工艺分析和改进 …………………… 198
  实训项目 8 复杂型面组合件数控铣削工艺分析和改进 ………………… 200
实训模块 4 设备维护与保养 ……………………………………………………… 203
  实训项目 1 主轴轴承间隙调整 …………………………………………… 203
  实训项目 2 主轴与工作台位置精度调整 ………………………………… 205
  实训项目 3 典型铣床常见机械故障判断与排除 ………………………… 207
  实训项目 4 典型铣床常见电气故障的判断 ……………………………… 208
  实训项目 5 铣床维护保养方案现场拟定与实施 ………………………… 210
  *实训项目 6 普通铣床故障判断和排除 ………………………………… 213
  *实训项目 7 铣床附件的故障判断和排除 ……………………………… 214
  *实训项目 8 数控铣床动态精度和切削精度检验 ……………………… 216
  *实训项目 9 数控铣床/加工中心一般故障的排除方法 …………………… 217

目 录

实训模块5 技术管理 218
 实训项目1 现场拟定、验证工件加工工艺 218
 *实训项目2 现场分析、改进和验证工件铣削加工工艺 220
 *实训项目3 技术报告撰写、演讲和技术成果演示 223
实训模块6 培训指导 225
 实训项目1 专题理论知识培训指导演示 225
 实训项目2 专题技术资料资源的查找方法演示 227
 *实训项目3 铣削加工技能操作专题培训指导演示 228
 *实训项目4 工件铣削加工专题质量分析培训指导演示 230

第8部分 模拟试卷样例 233

理论知识考试模拟试卷 233
 试卷一 233
 *试卷二 239
理论知识考试模拟试卷参考答案 243
 试卷一 243
 *试卷二 244
技能操作考核模拟试卷 245
 试卷一 245
 *试卷二 246

高级

第1部分 考核重点和试卷结构

一、考核重点

1. 考核权重

根据新颁技能鉴定标准,铣工高级工的理论知识和技能考核重点略有侧重,可参见铣工(高级)理论知识和技能要求权重表(见表1-1,表1-2)。

表1-1 铣工(高级)理论知识权重表

项 目		三级/高级工(%)	
		普通铣床	数控铣床
基本要求	职业道德	5	
	基础知识	15	
相关知识要求	平面和连接面加工	5	10
	台阶和沟槽加工	5	10
	刻线与工件切断	5	—
	齿形加工	15	—
	孔加工	10	25
	成形面、螺旋面和曲面加工	25	20
	刀具齿槽加工	10	—
	设备维护与保养	5	5
	技术管理	—	10
	合计	100	

表1-2 铣工（高级）技能要求权重表

项　目		三级/高级工（%）	
		普通铣床	数控铣床
相关技能要求	平面和连接面加工	5	10
	台阶和沟槽加工	5	10
	刻线与工件切断	5	—
	齿形加工	20	—
	孔加工	15	25
	成形面、螺旋面和曲面加工	35	30
	刀具齿槽加工	10	—
	难加工材料加工	—	10
	设备维护与保养	5	10
	培训指导	—	5
	合计	100	

2. 铣削加工模块考核重点

（1）工艺准备　包括工件的装夹和找正方法；专用和组合夹具的相关知识、组装使用方法、定位原理和误差分析；复杂零件的加工工艺过程、加工数据计算和操作方法、防止工件变形的方法和提高加工精度的方法等；数控加工二次曲面的造型和程序编制方法。

（2）工件加工　包括复合斜面、复杂沟槽加工；大质数锥齿轮、蜗轮蜗杆铣削；成形面、螺旋面和曲面加工；难加工材料加工；刀具螺旋齿槽、孔加工等。具体包括工件装夹和找正、刀具选用、加工位置调整、相关计算、交换齿轮配置、机床操作、提高加工精度的具体方法等。

（3）精度检验及误差分析　包括各种量具的使用和保养、复杂零件的检验方法、加工误差的分析和提高加工精度的措施等。

3. 管理主题模块考核重点

（1）设备维护保养　包括机床精度验收标准、检验项目和方法、日常维护保养、故障诊断和分析、排除方法等，数控机床几何精度检验方法和切削精度检验方法，常见机械故障的判断和分析，电气、液压、气动元器件的结构和工作原理等相关知识。

（2）技术管理　包括工艺规程的制定方法等。
（3）培训指导　包括理论和技能培训指导基本方法和步骤等。

二、试卷结构

1. 理论知识考核试卷结构

（1）常用题型　通常包括判断题、单项选择题、计算题、简答题等。

（2）知识范围　在理论知识考核重点内容范围内，应尽可能涉及80%以上的知识范围，不能集中于某些内容。同时，按权重配比各项目的内容。

（3）配分原则　通常配分按判断题、单项选择题、计算题、简答题的排列顺序，合理安排题目数量和配分结构。

（4）考核时间　一般安排1~1.5h的理论知识考核时间。

2. 操作技能考核试卷结构

（1）考件试题

1）考件图样：包括图样名称、工件材料、预制件尺寸等。

2）考核要求：包括主要项目和一般项目；不予评分的条件；工时定额；坯件、夹具、量具、刀具和机床等限定要求。

3）考核评分表：包括分项目的考核内容、考核要求、配分和评分标准等。

① 考核项目：按主要评分项目、一般评分项目配分。

② 考核时间：通常为4~8h，特殊的工件可延长至16h。

③ 其他要求：包括文明作业、环境整洁、设备维护、数控机床操作规范等。

（2）能力试题

1）考核主题：主要是机床故障的诊断和分析、数控程序的手工编制。

2）准备要求：如相关设备、配合人员、设置故障的数量等。

3）考核要求：包括考核内容、考核时间、配分方法、考核评分表等。

4）考核评分表：按主要项目、一般项目、安全文明作业、工时定额等项目分配考分，并分项目确定考核内容、考核要求、配分、评分标准等。

（3）组合考题　按具体情况，可采用考件试题和能力试题组合后进行技能考核。

三、考试技巧

（1）沉着应对　预先应根据指导内容对知识模块和技能项目的主要知识点内容和能力要求进行全面复习和练习，为应考奠定坚实的基础。进入考场，应仔细沉着、合理安排应考的过程时间，完成考试全过程。

（2）反复训练　预先按知识考核练习题和技能考核实训项目要求，反复练习，达到熟能生巧的程度，避免考试中的错漏和失误。

（3）抓住重点　技能考试要保证主要项目的得分，知识考试要抓住配分高的重点内容，争取合格的基本得分。

四、注意事项

（1）遵守规定　在考试前要仔细阅读有关的规定和限制条件，以免违规影响考试，例如不准使用专用夹具、定直径刀具等。

（2）考前准备　在准备规定的工具、夹具、量具时，应按清单进行，并预先进行检测，保证用于考试的工具、夹具、量具符合规格和精度标准要求，以免影响考试正常进行。

（3）控制节奏　在考试过程中，要合理分配时间，沉着冷静，按图样规定的各项技术要求和合理的工艺步骤进行操作，即使某些项目出现超差等问题，不必惊慌失措，以免影响后续项目的加工质量。

（4）及时报告　遇到某些特殊的情况，要及时向监考人员报告，以免影响考试进程。

五、复习策略

（1）归纳整理　铣削加工的内容有许多类似的问题，如表面加工精度，在各种考件中都有主要的加工表面，会涉及表面精度考核配分，对于提高和保证主要项目表面精度的方法，可按表面的类型进行复习和练习，把类似的知识进行归纳整理，便于记忆和思维引导。

（2）逻辑思考　要把加工典型考件或解答典型考题的全过程系统地进行梳理，融会贯通，既要记忆必要的内容，又要学会逻辑推理。

（3）双管齐下　知识和技能复习过程要紧密结合，把普通铣削加工和数控铣削加工结合起来，不能偏废。在典型考件练习时，要兼顾好相关理论知识的复习；在典型考题复习时，要兼顾好相关能力的练习。

第 2 部分 理论知识考核指导

理论模块 1　平面和连接面加工

一、考核范围

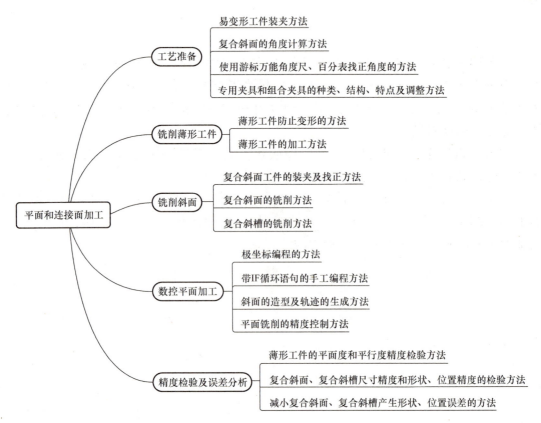

二、考核要点详解

知识点（复合斜面）示例 1（表 2-1）：

表 2-1　复合斜面加工知识点

概念	沿两个坐标方向都与基准面发生倾斜的斜面，称为复合斜面
特点	与基准面既不平行，又不垂直，且沿两个坐标方向都与基准面倾斜
计算	加工时需要按复合斜面的角度计算工件装夹位置或刀具的倾斜角度
用途	刀具的刀柄等结构上需要有与基准面倾斜一定角度的复合斜面的零件

知识点（薄形工件）示例 2（表 2-2）：

表 2-2　薄形工件加工知识点

概念	工件的外形尺寸与实体壁厚的比值比较大的工件称为薄形工件
定义	如板状薄形工件是指宽厚比 $B/H \geq 10$ 的工件
用途	如衬套等各种需要薄壁结构的零件
分类	板状、盘状、环状、套类、箱体类等

三、练习题

（一）判断题（对的画√，错的画 ×）

1. 光学分度头的精度值通常可达到秒值。（　　）
2. 光学分度头光路的两端是目镜和光源。（　　）
3. 光学分度头的度、分和秒刻度是固定不变的。（　　）
4. 检验铣床分度头蜗轮一转的分度误差时，应在分度手柄每转一转，便通过光学分度头读出铣床分度头实际回转角与名义回转角的误差。（　　）
5. 检验铣床分度头蜗杆一转内系统分度误差时，应在分度手柄每转 $1/z$ 转，便通过光学分度头读出铣床分度头实际回转角与名义回转角的误差。（　　）
6. 用光学分度头测量外花键的等分误差时，只需转动微动手轮，便可使光学分度头视场图中的度、分和秒值处于零位。（　　）
7. 用光学分度头测量外花键等分角度误差时，须用指示表逐次测量各键同一侧，并保持原表针读数不变。（　　）
8. 极限卡规只能判断加工部位尺寸合格与否，不能确定实际尺寸与公称尺寸之间的偏差值。（　　）
9. 杠杆卡规不仅能判断加工部位尺寸合格与否，还能直接通过指针、刻度显示剩余的加工余量。（　　）
10. 杠杆卡规与极限卡规相似，其本身的制造公差需占用被检测工件制造公差的一部分。（　　）
11. 杠杆卡规主要用于尺寸精度、几何形状和位置精度的相对测量。（　　）
12. 杠杆卡规中的可调测量杆与调整环矩形螺纹的间隙所引起的误差，是通过螺纹配合精度来消除的。（　　）
13. 杠杆卡规的测量压力是固定不变的。（　　）
14. 杠杆卡规的微动测量杆用于调整杠杆卡规的零位示值。（　　）

15．杠杆千分尺同杠杆卡规类似，只能用于相对测量。（   ）
16．杠杆千分尺的测量压力是由微动测杆处的弹簧控制的。（   ）
17．气动量仪是把被测尺寸转变为气体物理量来实现测量长度的仪器，具有不接触测量的特点。（   ）
18．薄膜式压力指示气动量仪利用膜盒中的膜片作为感受元件。（   ）
19．浮标式气动量仪通过感受空气流量变化的浮标位置来实现测量。（   ）
20．气动量仪使用的空气只要具有一定的压力就可以了。（   ）
21．可转位铣刀的可转位刀片均是由硬质合金制成的。（   ）
22．SPAN1203EDTR 可转位刀片牌号中 S 表示刀片形状为三角形。（   ）
23．可转位铣刀采用机械夹固的方式来装夹刀片，与焊接刀具相比，具有较大的内应力。（   ）
24．在可转位刀片中，不带后角的刀片用于较大前角的铣刀，因此具有较高的强度。（   ）
25．立装方式是把刀片贴着可转位铣刀刀体圆周面安装，这类铣刀能承受较大的冲击力。（   ）
26．可转位铣刀的夹紧机构只起抵消空转时刀片离心力的作用。（   ）
27．可转位铣刀楔块式夹紧机构能承受较大的切削力。（   ）
28．精度要求较高的可转位面铣刀应设置调整块，以减小铣刀的轴向圆跳动。（   ）
29．形状精度要求较高的可转位球头立铣刀应选用精化刀片。（   ）
30．可转位螺旋齿可换头立铣刀采用的是模块式结构。（   ）
31．铣削敞开式的直角沟槽时，与选用普通铣刀一样，应选用可转位硬质合金立铣刀。（   ）
32．复合斜面实质上也是一个单斜面，只是由于坐标设置不同而已。（   ）
33．复合斜面铣削时，通常由工件转两个角度，或由工件与铣刀各转一个角度确定铣削位置。（   ）
34．若工件装夹方向不受限制，只需将工件沿复合斜面与基准面交线倾斜两面之间夹角 θ，即可铣出斜面。（   ）

（二）选择题（将正确答案的序号填入括号内）

1．测量仪器简称量仪，铣床常用的量仪是利用机械、光学、气动、机械-数字电子转换或其他原理将长度单位（   ）的测量器具。

　　A．提高精度　　　　B．转换方式　　　C．放大或细分

2．光学分度头是一种光学量仪，光学分度头按分度值分有多种规格，其中以（   ）的光学分度头使用较广泛。

　　A．5″　　　　　　　B．10″　　　　　　C．30″

3. 光学分度头通常是（　　）有所区别，因此分度头的读数和精度也相应有所区别。

　　A. 光学系统放大倍数　　　　B. 内部结构　　　　C. 分度方法

4. 用光学分度头测量铣床分度头蜗轮一转分度误差时，应在铣床分度头主轴回转一周后，找出实际回转角与40个名义回转角差值的（　　）。

　　A. 最大值

　　B. 最大值与最小值和的一半

　　C. 最大值与最小值之差

5. 用光学分度头逐次测量外花键各键同一侧，可测出 z 个差值，在 z 个差值中，最大差值为（　　）。

　　A. 等分误差　　　B. 中心夹角误差　　　C. 积累误差

6. 分度值为 0.002mm 的 I 型杠杆卡规按测量范围分通常有（　　）类推六种规格。

　　A. 0～25 mm　　　B. 0～10mm　　　C. 0～50mm

7. 杠杆卡规的分度盘示值一般有两种，测量范围为 0～100mm 的分度值为（　　）mm，测量范围为 100～150mm 的分度值为（　　）mm。

　　A. 0.001，0.002　　B. 0.005，0.010　　C. 0.002，0.005

8. 杠杆卡规的调整螺环与可调测量杆矩形螺纹间的轴向间隙是用（　　）来消除的。

　　A. 弹簧片　　　B. 弹簧　　　C. 垫片

9. 杠杆卡规调整螺环与可调测杆之间是通过（　　）联接的。

　　A. 矩形螺纹　　B. 梯形螺纹　　C. 三角形螺纹

10. 使用杠杆卡规检验工件时，若指针偏离零位，指向负值表示工件比量块（　　），指向正值表示工件比量块（　　）。

　　A. 小，大　　　B. 大，小　　　C. 偏差大，精度高

11. 杠杆千分尺相当于外径千分尺与杠杆卡规组合而成，因此（　　）。

　　A. 只能用于相对测量　　　　B. 只能用于绝对测量

　　C. 既能用于相对测量又能用于绝对测量

12. 杠杆千分尺的示值由指针刻度和套筒刻度同时控制，采用（　　）时，一般可在指针刻度处于零位时，观察套筒刻度确定工件尺寸。

　　A. 绝对测量法　　B. 相对测量法　　C. 绝对和相对测量法

13. 杠杆千分尺校正件两端尺寸偏差不应超过（　　）。

　　A. 0.5mm　　　B. 0.05mm　　　C. 0.5μm

14. 压力式气动量仪是通过锥杆移动来使上、下气室压力相等的，因此，这类仪器的放大倍数和测量范围通常是用（　　）来改变的。

　　A. 改变锥杆长度　　B. 改变锥杆圆锥角　　C. 改变锥杆硬度

15. 浮标式气动量仪用浮标做（　　），即仪器的指示是以浮标的位置来实现的。

　　A. 感受元件　　　B. 控制元件　　　C. 调整元件

16. 在浮标式气动量仪中，控制倍率阀用以调整浮标的变动幅度倍率，当倍率阀（　　）时，倍率为最大。

　　A. 全部开启　　　B. 全部关闭　　　C. 位于中间位置

17. 可转位铣刀属于（　　）刀具。

　　A. 焊接式　　　B. 机械夹固式　　　C. 整体式

18. 可转位铣刀刀具寿命长的主要原因是（　　）。

　　A. 刀片几何尺寸合理　　B. 刀片制造材料好　　C. 避免了焊接内应力

19. 硬质合金可转位铣刀使用的四边形和三角形刀片有带后角和不带后角两种，不带后角的刀片用于（　　）铣刀。

　　A. 正前角　　　B. 负前角　　　C. 前角为零的

20. SPAN1203EDTR 可转位刀片牌号中的 R 表示（　　）。

　　A. 刀片切向　　　B. 刀片转角形状　　　C. 刀片切削刃截面形状

21. 可转位刀片平装是指刀片（　　）安装。

　　A. 径向　　　B. 切向　　　C. 轴向

22. 可转位铣刀的吃刀量应根据工件材料确定，通常采用可转位面铣刀铣削软性材料和灰铸铁时，最大吃刀量可达到刀片长度的（　　）。

　　A. 1/2　　　B. 1/4　　　C. 3/4

23. 根据加工条件选用合适的可转位铣刀，能提高切削效率和降低成本。通常在强力间断铣削铸铁、碳钢和易产生加工硬化的材料时，应选用（　　）。

　　A. 正前角铣刀　　B. 负前角铣刀　　C. 主偏角为 75° 的面铣刀

24. 可转位铣刀的硬质合金刀片耐磨性好，因此可选用较大的铣削速度，加工钢件时，通常 v_c 选择（　　）m/min。

　　A. 125~240　　　B. 300~400　　　C. 20~30

（三）简答题

1. 使用杠杆千分尺时应注意哪些事项？
2. 何谓气动量仪？简述其主要特点和种类。
3. 何谓单斜面和复合斜面？铣削复合斜面的要点是什么？

四、参考答案及解析

（一）判断题

1. √　2. √　3. ×　4. √　5. √　6. ×　7. √　8. √
9. √　10. ×　11. √　12. ×　13. √　14. ×　15. ×　16. √
17. √　18. √　19. √　20. ×　21. ×　22. ×　23. ×　24. ×

25. √	26. ×	27. √	28. √	29. √	30. √	31. ×	32. √
33. √	34. ×						

（二）选择题

1. C	2. B	3. A	4. C	5. A	6. A	7. C	8. A
9. A	10. A	11. C	12. A	13. C	14. B	15. A	16. B
17. B	18. C	19. B	20. A	21. A	22. C	23. B	24. A

（三）简答题

1. 答：①杠杆千分尺的示值控制方法应视测量方法而定：绝对测量法可在指针刻度零位观察套筒刻度；相对测量法可在套筒刻度某一位置观察指针刻度。②杠杆千分尺无棘轮装置，测量力由微动测杆处的弹簧控制。③杠杆千分尺在使用前需验证其起始位置精度。④杠杆千分尺在检测时具有一定的最大允许误差。

2. 答：气动量仪是把被测尺寸转变为气体物理量来实现长度测量的仪器。气动量仪的主要特点：①气动量仪是用比较测量法对工件进行测量和检验的；②气动量仪常用于大量生产或成批量生产产品的检验；③检验效率高；④可进行不接触测量。气动量仪一般分为指示压力变化和指示流量变化两大类。

3. 答：斜面是指与基准平面之间既不平行又不垂直的平面。当工件处于一个坐标系中时，只是沿一个坐标方向与基准面发生倾斜的斜面称为单斜面，沿两个坐标方向都与基准面发生倾斜的斜面称为复合斜面。铣削复合斜面的要点是：先将工件绕某一个坐标旋转一个倾斜角 α（或 β），再将工件和夹具或铣刀绕另一个坐标轴转过一个垂直于斜面的倾斜角 β_n（或 α_n），然后进行铣削。

理论模块 2　台阶和沟槽加工

一、考核范围

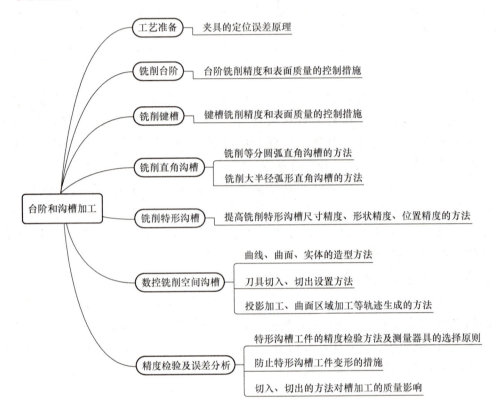

二、考核要点详解

知识点（六点定位原则）示例 1（表 2-3）：

表 2-3　六点定位原则知识点

概念	用合理分布的六个支承点限制工件的六个自由度，使工件在夹具中的位置完全确定的法则称为六点定位原则
特点	一般工件可参考矩形工件和圆柱形工件的六点定位方式拟定六个支承点的合理分布方法
用途	设计夹具和装夹工件需要应用六点定位原则分析、确定定位方式的合理性

知识点（定位与夹紧）示例 2（表 2-4）：

表 2-4　定位与夹紧知识点

概念	定位是使工件在夹紧前确定位置；夹紧是使工件固定在已确定的位置上
特点	定位通过夹具上的定位件和定位操作实现；夹紧通过夹具上的夹紧件和夹紧操作实现
用途	被加工工件通过定位夹紧确定与机床工作台的正确位置，完成切削加工过程
分类	定位有完全定位和不完全定位等；夹紧按机构分为气动夹紧、液压夹紧、机械夹紧等

三、练习题

（一）判断题（对的画√，错的画 ×）

1. 通用夹具是指无须调整或稍加调整就可以加工两种或两种以上工件的同一夹具。（   ）
2. 专用夹具是专门为某一工件设计制作的夹具。（   ）
3. 铣床夹具上的对刀装置起引导刀具作用，故称为导向件。（   ）
4. 铣床夹具中的分度板属于定位件。（   ）
5. 机用虎钳的活动座、螺母和丝杠等属于夹具的夹紧元件。（   ）
6. 机用虎钳的定位键起夹具定位作用，属于定位元件。（   ）
7. 自定心卡盘的小锥齿轮属于夹紧元件。（   ）
8. 液压虎钳的液压控制阀、活塞、活塞杆等属于夹紧元件。（   ）
9. 在简易夹具中，常使用夹具体兼作定位元件，对刀件兼作定位元件等兼用方法。（   ）
10. 加工几批毛坯尺寸不一致的零件，若被夹紧的部位是毛坯表面，夹具上压板支承钉应采用固定高度，以使夹紧可靠。（   ）
11. 当铣削批量坯料毛坯表面或尺寸略有变化的工件时，通常在夹具上设置自位支承、可调支承等调节定位装置。（   ）
12. 组合夹具中的定位件主要用于工件定位和组合夹具元件之间的定位。（   ）
13. 组合夹具中的合件是按用途预先装配而成的独立部件，既可独立使用，也可拆散重新组合使用。（   ）
14. 在分度头上用两顶尖和鸡心卡头、拨盘装夹工件时，尾座的顶尖应具有足够大的顶紧力，否则工件容易松动。（   ）
15. 在拆洗分度头后，组装蜗杆副只需调整脱落手柄便能获得所需的啮合间隙和蜗杆轴向间隙。（   ）
16. 在铣床夹具的实际结构中，支承点不一定用点或销的顶端，常用面或线来代替。（   ）
17. 在夹具中，定位是使工件在夹紧前确定位置。（   ）
18. 在轴类零件上铣削一无夹角位置要求的敞开式直角沟槽，必须限制工件的五个自由度。（   ）
19. 在铣床上铣削带孔的齿轮等套类零件时，常以孔和端面联合定位。（   ）
20. 在铣床夹具中，若切削力和切削振动较小，可采用偏心夹紧机构。（   ）
21. 在铣床夹具气动夹紧机构中，为了保证在管路突然停止供气时夹具仍能夹紧工件，必须设置配气阀。（   ）
22. 在铣床夹具液压夹紧系统中常设有蓄能器，用以提高液压泵电动机的使用效率。（   ）

23. 铣床夹具中采用联动夹紧机构夹紧，主要是为了节省夹紧力。（   ）
24. 在自制的简易夹具中，应防止重复定位和欠定位。（   ）

（二）选择题（将正确答案的序号填入括号内）

1. 铣削加工时，使工件在铣床上或夹具中有一个正确位置的过程称为（   ）。
   A. 夹紧　　　　　　B. 定位　　　　　　C. 装夹
2. 铣削加工表面要求相互垂直的大而薄的工件，可选用（   ）。
   A. 角铁　　　　　　B. 机用虎钳　　　　C. 轴用虎钳
3. 由可循环使用的标准零部件组成，并易于连接和拆卸的夹具称为（   ）。
   A. 通用夹具　　　　B. 专用夹具　　　　C. 组合夹具
4. 夹具上用以迅速得到机床工作台及夹具和工件相对于刀具正确位置的元件是（   ）。
   A. 导向件　　　　　B. 对刀件　　　　　C. 定位件
5. 夹具上的分度板等对定装置起等分工件的作用，属于（   ）。
   A. 定位件　　　　　B. 导向件　　　　　C. 其他元件和装置
6. 夹具上可调节的辅助支承起辅助定位作用，属于（   ）。
   A. 定位件　　　　　B. 导向件　　　　　C. 其他元件和装置
7. 机用虎钳的回转座和底面定位键，分别起角度分度和夹具定位作用，属于（   ）。
   A. 定位件　　　　　B. 导向件　　　　　C. 其他元件和装置
8. 机用虎钳的活动座属于（   ）。
   A. 定位件　　　　　B. 夹紧件　　　　　C. 导向件
9. 自定心卡盘的卡爪、小锥齿轮和大锥齿轮属于（   ）。
   A. 导向件　　　　　B. 其他件　　　　　C. 夹紧件
10. 组合夹具按其尺寸有三种系列，其中适用于机械制造工业的是（   ）。
    A. 中型系列　　　　B. 小型系列　　　　C. 大型系列
11. 中型系列组合夹具元件的螺栓规格为（   ），T形槽之间的距离为（   ）。
    A. M8×1.25，30mm　　　B. M12×1.5，60mm　　　C. M16×2，60mm
12. 组合夹具中各种规格的方形、矩形、圆形基础板和基础角铁等，称为（   ）。
    A. 支承件　　　　　B. 定位件　　　　　C. 基础件
13. 通常在组合夹具中起承上启下作用的元件称为（   ）。
    A. 支承件　　　　　B. 定位件　　　　　C. 基础件
14. 在组合夹具中主要用来连接各种元件及紧固工件的螺栓、螺母和垫圈称为（   ）。
    A. 夹紧件　　　　　B. 紧固件　　　　　C. 其他件

15. 整套组合夹具的元件为（　　）个。
    A. 1000~15000　　　　B. 2500~3000　　　　C. 1500~2500
16. 万能分度头的等分精度和传动精度主要取决于（　　）。
    A. 主轴精度　　　　B. 孔圈精度　　　　C. 蜗杆副精度
17. 调整分度头蜗杆副的啮合间隙时，应（　　）。
    A. 微量转动蜗杆同时转动脱落手柄
    B. 单独转动脱落手柄　　　C. 单独手摇分度手柄
18. 分度头主轴前端通过（　　）安装在回转体上。
    A. 圆柱浮动轴承　　　B. 锥度滑动轴承　　　C. 滚动轴承
19. 分度头主轴的间隙是通过（　　）调整的。
    A. 脱落手柄　　　B. 回转体背面主轴锁紧圈　　　C. 主轴中部螺母
20. 铣床夹具中若选用插入式长销作为定位元件，保管时应（　　）。
    A. 竖直放置　　　B. 插入定位孔　　　C. 水平放置
21. 造成首次制造费用较大的原因是组合夹具（　　）。
    A. 元件储备量大　　　B. 适应性强　　　C. 缩短了生产周期
22. 影响使用精度的主要原因是组合夹具的（　　）。
    A. 刚度较差　　　B. 组合精度容易变动　　　C. 结构不易紧凑
23. 组合夹具使用前须用指示表检验的是（　　）。
    A. 各元件的连接程度　　B. 各定位部位的定位精度　　C. 各元件之间的间隙
24. 由于组合夹具各元件接合面都比较平整和光滑，因此各元件之间均应使用（　　）。
    A. 紧固件　　　B. 定位件和紧固件　　　C. 定位件
25. 在一个等直径的圆柱形轴上铣一条封闭键槽，需限制工件的（　　）自由度。
    A. 四个　　　B. 五个　　　C. 六个
26. 在一个等直径的圆柱形轴上铣一条敞开直角沟槽，需限制工件的（　　）自由度。
    A. 六个　　　B. 五个　　　C. 四个
27. 在矩形体上铣一条V形槽，需限制工件（　　）自由度。
    A. 四个　　　B. 三个　　　C. 五个
28. 较宽的V形块定位轴类零件可以限制（　　）自由度。
    A. 四个　　　B. 五个　　　C. 六个
29. 粗糙不平的表面或毛坯面作为定位基准面时，应选用（　　）。
    A. 平头支承钉　　B. 圆头支承钉　　C. 网状支承钉
30. 面积较大，平面精度较高的基准平面定位选用（　　）作为定位元件。

A. 支承钉　　　　B. 可调支承　　　　C. 支承板

31. 铣床夹具上选用辅助支承时，辅助支承（　　　）。

　　A. 可限制一个自由度　　　　B. 可限制缺少的自由度

　　C. 不起限制自由度的作用

32. 定位对称度要求较高的轴类工件应选用V形块，V形块的夹角应用最多的是（　　　）。

　　A. 60°　　　　B. 90°　　　　C. 120°

33. 当工件需要以平面和圆孔端边缘同时定位时，选用（　　　）。

　　A. 浮动锥销　　B. 圆柱定位销　　C. 棱形销

34. 当套类工件内孔精度很高，而加工时工件扭转力矩很小时，可选用（　　　）定位。

　　A. 台阶心轴　　B. 圆柱心轴　　C. 小锥度心轴

35. 铣床夹具夹紧机构的主要夹紧力应（　　　）于主要定位基准，并作用在夹具的（　　　）支承上。

　　A. 垂直，主要　　B. 垂直，固定　　C. 平行，辅助

36. 铣床夹具夹紧机构的夹紧力要适当，在考虑夹具结构时，应尽量以（　　　）夹紧力来达到夹紧的目的。

　　A. 适中的　　　　B. 较大的　　　　C. 较小的

37. 在铣床夹具中，最基本的增力和锁紧元件是（　　　）。

　　A. 斜楔　　　　B. 液压缸活塞　　　　C. 偏心轮

38. 在铣床夹具中，应用最普遍的是（　　　）夹紧机构。

　　A. 斜楔　　　　B. 螺旋压板　　　　C. 偏心

39. 当铣削的工件夹紧表面尺寸比较准确，要求快速夹紧，而加工时切削力和切削振动较小时，可选用（　　　）夹紧机构。

　　A. 斜楔　　　　B. 螺旋压板　　　　C. 偏心

40. 在气动夹紧机构中，（　　　）的作用是保证在管路突然停止供气时，夹具不会立即松夹而造成事故。

　　A. 调压阀　　　　B. 单向阀　　　　C. 配气阀

（三）简答题

1. 可转位铣刀的主要特点是什么？
2. 使用硬质合金可转位铣刀须具备哪些相应条件？
3. 铣床夹具一般是由哪些部分组成的？简述各部分在夹具中的作用。
4. 使用专用夹具时应注意哪些事项？
5. 什么是"六点定位规则"？

四、参考答案及解析

（一）判断题

1. √	2. ×	3. ×	4. ×	5. √	6. ×	7. √	8. √
9. √	10. ×	11. √	12. √	13. ×	14. ×	15. ×	16. √
17. √	18. ×	19. √	20. √	21. ×	22. √	23. ×	24. √

（二）选择题

1. B	2. A	3. C	4. B	5. C	6. C	7. C	8. B
9. C	10. A	11. B	12. C	13. A	14. B	15. C	16. C
17. A	18. B	19. B	20. A	21. A	22. B	23. B	24. B
25. B	26. C	27. C	28. A	29. B	30. C	31. C	32. B
33. A	34. C	35. B	36. C	37. A	38. B	39. C	40. B

（三）简答题

1. 答：①切削性能好，刀具寿命长：可转位刀片采用机械夹固，避免了焊接刀具内应力所引起的缺陷；由于刀片具有一定形状和尺寸，消除了刃磨和重磨的缺陷；各种相同型号的刀片，几何参数一致，切削性能稳定。②生产率高，经济效果好：能选用较高的铣削速度和较大的进给量；使用和装卸方便，换刀和对刀时间短，适应数控机床和切削加工自动线；节省刀杆、刀片材料和刀具制造刃磨设备、人工，使生产成本下降。③简化工具管理，有利于新型刀具材料应用，有利于刀具标准化、系列化。

2. 答：①须选择合适的铣刀：根据不同的切削条件，综合考虑铣刀的结构、形式、刀片的材料和形式、容屑和排屑槽的结构等因素。②选用刚度较好的工艺系统：选用刚度高、功率大的机床，普通铣床应调整好间隙；夹具要有较高的刚度，夹紧力要大一些；选用强度和刚度高的刀杆安装铣刀。③合理安装铣刀片：安装刀片时应使用专用扳手，夹紧施力要适当；安装刀片应预先检查刀体刀片槽各定位面的清洁度和完好程度；夹紧刀片时，应防止刀片脱离定位；安装好刀片，应进行检验。

3. 答：铣床夹具一般由以下部分组成：①定位件——在夹具上起定位作用的零部件；②夹紧件——在夹具上起夹紧作用的零部件；③夹具体——将夹具的各个元件、部件联合成一整体，并使整个夹具固定在机床上的零部件；④对刀件——在夹具上起对刀作用的零部件；⑤导向件——在夹具上起引导刀具作用的零部件；⑥其他元件和装置，如根据加工工件的不同要求，夹具中有时还需增加一些元件，如可作为调节的辅助支承等，起辅助定位作用。

4. 答：①通读工件的工序加工图，了解工件的结构特点，特别是工件本工序的定位和夹紧部位特点；②根据图样上对应工装编号选用夹具，分析夹具的使用方法；③检查夹具的定位夹紧元件，以保证夹紧牢固可靠；④检查夹具体的底平面与定位键，保证夹具在机床上的定位精度；⑤检查夹具上的等分装置、对刀装置以及其他装置，掌握使用方法，保证精度要求；⑥选择刀具、铣削用量进行铣削，综合工艺系统的情况，对夹紧力和定位精度做出综合性判断，并进行必要的调整；⑦夹具使用完毕，应及时清理和送检保养。

5. 答：要使一个工件在空间的位置完全确定下来，必须消除六个自由度，即消除沿 x、y、z 轴的三个平移度和绕 x、y、z 轴的三个旋转度。通常用一个固定的支承点限制工件的一个自由度，用合理分布的六个支承点限制工件的六个自由度，使工件在夹具中的位置完全确定，这就是六点定位规则。

理论模块 3　齿形加工

一、考核范围

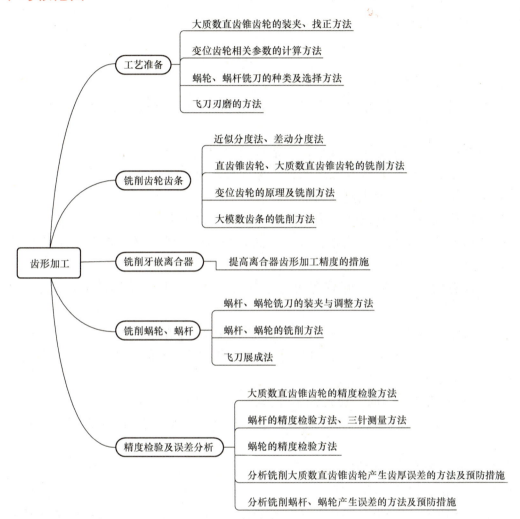

二、考核要点详解

知识点（变位齿轮）示例 1（表 2-5）：

表 2-5　变位齿轮加工知识点

特征	分度圆上齿厚和齿槽宽度不相等的齿轮
作用	避免根切、改善啮合性能、凑合啮合中心距、提高齿轮强度、修复旧齿轮
种类	高度变位、角度变位
计算	根据不发生根切的最小齿轮齿数 z_{min} 来计算变位系数 X_{min}

知识点（蜗轮飞刀铣削法）示例2（表2-6）：

表2-6 蜗轮飞刀铣削法知识点

概念	根据蜗杆副的啮合原理，通过铣床改装，配置展成传动系统，采用飞刀加工蜗轮的方法
特点	属于蜗轮展成铣削法，加工精度高
分类	常用两种方法：断续分齿铣削法、连续分齿铣削法

三、练习题

（一）判断题（对的画√，错的画 ×）

1. 在铣床上用锥齿轮铣刀铣削锥齿轮，是一种高精度的锥齿轮加工方法。（   ）

2. 在锥齿轮的三个基本圆锥中，顶锥角最大的是顶锥。（   ）

3. 锥齿轮的外圆锥素线与轴线的夹角称为节锥角。（   ）

4. 锥齿轮的模数以大端模数为依据。（   ）

5. 锥齿轮铣刀的模数以大端为依据，齿形曲线以小端为依据。（   ）

6. 锥齿轮的齿顶高 h_a、齿根高 h_f、齿高 h 和顶隙 c 的含义与直齿圆柱齿轮相同，但应在锥齿轮大端与轴线垂直的平面内测量。（   ）

7. 锥齿轮的齿形曲线小端较弯曲，大端较平直，这是大小端基圆直径不相等的缘故。（   ）

8. 锥齿轮铣刀的厚度以小端设计，并比小端的齿槽稍薄一些。（   ）

9. 铣床上铣出的锥齿轮齿形曲线是不精确的，当齿轮的齿数越少，齿轮宽度越小时，其误差也就越大。（   ）

10. 选择锥齿轮铣刀时，应按其实际齿数选择刀号。（   ）

11. 锥齿轮的当量齿数与斜齿圆柱齿轮的当量齿数含义相同，其计算方法也是相同的。（   ）

12. 锥齿轮盘形齿轮铣刀与直齿圆柱齿轮盘形齿轮铣刀的外形相似，因此铣刀上带有"□"标记，以免搞错。（   ）

13. 检查齿坯顶锥角时，应使游标万能角度尺的直尺和基尺测量面通过齿坯轴线，以使测量准确。（   ）

14. 铣削锥齿轮用锥柄心轴装夹工件时，须预先检查装夹后心轴定位部位的同轴度，若采用垫薄纸方法找正其与分度头主轴的同轴度，应在心轴跳动高的锥柄部位垫入薄纸。（   ）

15. 铣削锥齿轮时，应按节锥角调整分度头主轴仰角，以使锥齿轮齿槽底与工作台平行。（   ）

16. 铣削锥齿轮时，可按简单分度法计算分度手柄转数进行分齿，为了便于偏铣，应选择较少的孔圈数。（   ）

17. 铣削锥齿轮中间齿槽时，由于齿坯大端最高部位仅一点，因此目测会较难控制对刀位置，故在逐渐升高工作台时，需往复移动工作台，观察切痕进行对刀。（ ）

18. 锥齿轮偏铣齿侧的目的是使其大端齿形达到图样要求。（ ）

19. 当锥齿轮的齿宽小于 $R/3$ 时，偏铣齿侧的目的是使其大小端的齿厚达到要求。（ ）

20. 锥齿轮偏铣前，应以中间槽铣削位置为准，使工件正反旋转相同角度，同时横向移动工作台，使小端齿槽重新对准铣刀，分别铣去齿槽两侧余量，使大端齿厚达到要求。（ ）

21. 锥齿轮偏铣时，经测量若小端齿厚已达到尺寸要求，而大端还有余量，这时应增加偏转角和偏移量，使大端多铣去一些。（ ）

22. 锥齿轮偏铣时，经测量若小端齿厚与大端齿厚有相等余量，这时可增加横向偏移量，使大端和小端同时达到齿厚要求。（ ）

23. 铣削锥齿轮时，为保证齿形与工件轴线对称，只需在铣中间齿槽时对刀准确便能达到对称要求。（ ）

24. 用游标齿厚卡尺测量锥齿轮大端齿厚时，游标齿厚卡尺测量面应与齿顶圆接触，齿厚测量平面应与背锥面素线平行。（ ）

25. 铣削锥齿轮时，分度头精度低、齿坯装夹时与分度头主轴同轴度误差大和分齿操作误差等是引起齿形误差的主要原因。（ ）

26. 锥齿轮铣刀号数同圆柱形铣刀一样，是在同一模数中按齿数划分刀号的。（ ）

27. 锥齿轮的节锥是指两个锥齿轮啮合时相切的两个圆锥。（ ）

28. 锥齿轮分度圆弦齿厚计算公式与圆柱直齿轮相同，但公式中的齿数应以锥齿轮的当量齿数 z_v 代入计算。（ ）

29. 采用垂向进给法铣削锥齿轮时，应按根锥角找正分度头与工作台台面的交角。（ ）

30. 锥齿轮偏铣时，为了便于观察铣刀重新对准小端齿槽，应使小端齿槽端面处于刀杆中心位置。（ ）

31. 铣削大质数锥齿轮时，若图样标注中间齿厚，则应在齿厚标注部位测量。（ ）

32. 铣削大质数锥齿轮时，因差动分度交换齿轮传动系统间隙相等，因此偏铣两侧余量时，不需消除间隙。（ ）

33. 锥齿轮偏铣的原则是不铣到小端分度圆以下齿形，而大端则逐步铣至分度圆齿厚尺寸要求。（ ）

（二）选择题（将正确答案的序号填入括弧内）

1. 高精度的锥齿轮应在（　　）上加工。
   A. 卧式铣床　　　　B. 立式铣床　　　　C. 专用机床

2. 锥齿轮的轮齿分布在（　　）上。
   A. 平面　　　　　　B. 圆柱面　　　　　C. 圆锥面

3. 锥齿轮轴线与根锥素线的夹角称为（　　）。
   A. 节锥角　　　　　B. 根锥角　　　　　C. 顶锥角

4. 锥齿轮的轴交角 Σ 有三种，其中最常用的是（　　）。
   A. $\Sigma > 90°$　　B. $\Sigma = 90°$　　C. $\Sigma < 90°$

5. 分锥顶点沿分锥素线至背锥的距离称为（　　）。
   A. 锥距　　　　　　B. 齿距　　　　　　C. 齿宽

6. 锥齿轮的齿顶高 h_a、齿根高 h_f、齿高 h 和顶隙 c 的含义与直齿圆柱齿轮相同，但应当在锥齿轮大端与（　　）垂直的平面内测量。
   A. 顶锥素线　　　　B. 分锥半径　　　　C. 工件轴线

7. 当一对锥齿轮的轴交角 $\Sigma = 90°$ 时，需求其中一节锥角 δ_1 时可按（　　）计算。
   A. $\tan\delta_1 = \dfrac{z_1}{z_2}$　　B. $\tan\delta_1 = \dfrac{z_2}{z_1}$　　C. $\cot\delta_1 = \dfrac{z_1}{z_2}$

8. 锥齿轮中顶锥角 δ_a、分锥角 δ、根锥角 δ_f 之间的关系是（　　）。
   A. $\delta_f > \delta > \delta_a$　　B. $\delta_a > \delta_f > \delta$　　C. $\delta_a > \delta > \delta_f$

9. 锥齿轮铣刀的厚度（　　）小端齿槽宽度。
   A. 略大于　　　　　B. 等于　　　　　　C. 略小于

10. 一齿数 $z=50$、分锥角 $\delta = 45°$ 的锥齿轮当量齿数 $z_v =$（　　）。
    A. $50\sqrt{2}$　　　B. $100\sqrt{2}$　　　C. $25\sqrt{2}$

11. 若锥齿轮需测量小端分度圆弦齿厚 $\overline{s}_i$，可由大端弦齿厚 $\overline{s}$ 和分锥半径 R、齿宽 b 计算得到 $\overline{s}_i =$（　　）。
    A. $\dfrac{R-b}{R}\overline{s}$　　B. $\dfrac{b}{R}\overline{s}$　　C. $\dfrac{R}{b}\overline{s}$

12. 用垂向进给铣削锥齿轮时，分度头主轴与工作台台面的夹角应等于（　　）。
    A. δ_f　　　　　B. $90° - \delta_f$　　C. $90° + \delta_f$

13. 锥齿轮偏铣时，若测量后小端已达到要求，大端齿厚仍有余量，此时应（　　）。
    A. 增大偏转角、增大偏移量　　　　B. 增大偏转角、减小偏移量
    C. 减小偏转角、增大偏移量

14. 锥齿轮铣刀的齿厚按小端的齿槽宽度设计，但齿宽与分锥半径的比值应满足（　　）。

　　A. 3∶1　　　　B. 1∶3　　　　C. 3∶2

15. 锥齿轮的齿厚由小端至大端逐渐（　　），齿形渐开线由小端至大端逐渐（　　）。

　　A. 增大，弯曲　　B. 增大，平直　　C. 减小，弯曲

16. 一对相互啮合的锥齿轮，其中有两个圆锥面正好相切，这两个圆锥称为（　　）。

　　A. 顶锥　　　　B. 节锥　　　　C. 根锥

17. 有一个 $m=3$mm、$z=30$、$\delta=45°$ 的锥齿轮，其齿顶圆直径 $d_a=$（　　）mm。

　　A. $90+3\sqrt{2}$　　B. $90-3\sqrt{2}$　　C. $90-3.6\sqrt{2}$

18. 锥齿轮的齿形曲线是根据其当量齿数设计的，当量齿数是指在锥齿轮大端垂直于（　　）的背锥展开平面内作出的当量圆柱齿轮的齿数。

　　A. 顶锥半径　　B. 分锥半径　　C. 根锥半径

19. 铣削锥齿轮时，应把铣刀安装在刀杆的（　　）位置。

　　A. 中间　　　　B. 靠近铣床主轴　　C. 靠近刀杆支架

20. 铣削调整中，齿坯上影响锥齿轮大端齿槽深度的是（　　），因此必须在铣削前进行测量。

　　A. 齿顶圆直径　　B. 节锥角　　C. 分度圆直径

21. 铣削一锥齿轮，已知 $z=17$、$\delta=60°$，则应选用（　　）号锥齿轮盘形齿轮铣刀。

　　A. 3　　　　B. 4　　　　C. 5

22. 铣削锥齿轮时，若大小端均有余量且相等，此时应（　　）。

　　A. 增大偏转角和偏移量　　B. 减小偏转角　　C. 减小偏移量

23. 铣削齿宽大于1/3顶锥半径的锥齿轮，铣好中间齿槽后，小端齿厚已（　　）其小端的分度圆弦齿厚。

　　A. 小于　　　　B. 等于　　　　C. 大于

24. 锥齿轮偏铣时，若采用先确定分度头主轴转角的方法，分度头主轴转角按（　　）近似确定。

　　A. $N=(1/6\sim1/8)n$　　　　B. $N=n$

　　C. $N=(1/5\sim1/20)n$

25. 锥齿轮偏铣时，为了使分度头主轴能按需增大或减小微量的转角，可采用（　　）方法。

　　A. 增大或减小横向偏移量　　B. 消除分度间隙

　　C. 较大的孔圈数进行分度

26. 偏铣锥齿轮齿槽一侧时，分度头主轴转角方向与工作台横向移动方向（　　）。

　　A. 相同　　　　　B. 相反　　　　　C. 先相同后相反

27. 若偏铣锥齿轮时采用计算分度头回转量 N 的方法，其中 $N = A/(540zr)$，A 称为齿坯基本回转角，A 的数值可查表获得，与（　　）有关。

　　A. 分锥角 δ　　B. 模数 m　　C. 刀号和 R/b 的比值

28. 若偏铣锥齿轮时采用计算工作台横向移动量 s 的方法，$s = T/2 - mx$，其中 m 为模数，x 为偏移系数，T 为（　　）。

　　A. 齿轮铣刀中径处厚度　　　B. 齿槽深度　　　C. 铣刀号数

29. 铣削数量较少的锥齿轮，操作者一般是测量其（　　）。

　　A. 公法线长度　　B. 分度圆弦齿厚　　C. 齿距误差

30. 铣削锥齿轮时，若工件装夹后轴线与分度头轴线不重合，会引起（　　）。

　　A. 齿面表面粗糙度值过大　　B. 齿厚超差　　C. 齿圈径向圆跳动超差

31. 偏铣锥齿轮时，工作台横向移动量不相等会产生（　　）。

　　A. 齿距误差超差　　　B. 表面粗糙度值过大　　　C. 齿向误差超差

32. 铣削锥齿轮时，若（　　）会产生齿向误差和齿形误差超差。

　　A. 对刀不准　　　B. 分度头精度低　　　C. 铣刀磨钝

33. 铣削锥齿轮时，若（　　）会产生齿厚尺寸和齿形误差超差。

　　A. 铣削用量选择不当　　B. 回转量 N 和横向移动量控制不好

　　C. 分度头精度低

34. 在立式铣床上用盘形齿轮铣刀铣削大质数锥齿轮，主要是为了（　　）。

　　A. 找正工件方便　　B. 偏铣调整方便　　C. 使用差动分度

35. 在卧式铣床上用差动分度法铣削大质数锥齿轮，应选用（　　）铣刀铣削。

　　A. 盘形齿轮铣刀　　B. 指形齿轮铣刀　　C. 齿轮滚刀

36. 在立式铣床上用盘形齿轮铣刀铣削锥齿轮，应使用（　　）向进给铣削，（　　）向进给调整吃刀量，（　　）向移动进行对刀调整。

　　A. 纵，垂，横　　　B. 横，垂，纵　　　C. 纵，横，垂

37. 在偏铣大质数锥齿轮大端齿侧时，若齿宽标准，小端应（　　）。

　　A. 保留分度圆以下齿形　　B. 根据余量确定　　C. 保持原有齿形

38. 在铣锥齿轮时，若试切后测量的结果是小端尺寸标准，而大端尺寸太小，这是由于（　　）。

　　A. 偏移量和回转量太少　　B. 回转量太少和偏移量太多

　　C. 回转量和偏移量太多

（三）简答题

1. 为什么在铣床上用锥齿轮铣刀铣削标准锥齿轮时要进行偏铣？
2. 在铣床上铣削锥齿轮时，常用哪几种偏铣方法？
3. 铣削大质数锥齿轮的要点是什么？
4. 简述断续分齿法飞刀铣削蜗轮的加工特点和注意事项。
5. 连续分齿法飞刀铣削蜗轮有哪些常见质量问题？其中与蜗轮齿形、齿厚有关的质量问题原因是什么？

（四）计算题

1. 有一对轴交角 $\Sigma=90°$ 的锥齿轮，已知 $z_1=20$，$z_2=30$，模数 $m=3$mm。试求 δ_1 和 δ_2 及 d_{a1} 和 d_{a2}。

2. 铣削一锥齿轮，已知 $m=3$mm，$z_1=30$（配偶齿轮 $z_2=40$，$\Sigma=90°$）。试求顶锥角 δ_{a1} 和根锥角 δ_{f1}。（提示：$\tan\theta_a=\dfrac{2\sin\delta}{z}$，$\tan\theta_f=\dfrac{2.4\sin\delta}{z}$）

3. 铣削一标准锥齿轮，已知 $m=3$mm，$z_1=50$（配偶齿轮 $z_2=30$，$\Sigma=90°$）。试求小端模数 m_1 和当量齿数 z_v。

4. 在万能卧式铣床上用断续分齿法飞刀铣削一蜗轮，已知蜗轮参数为 $m_t=2$mm，$z_1=2$，$z_2=48$，$\beta=4°23'55''$（R），$\alpha=20°$，且飞刀在工件外面。试计算确定交换齿轮齿数和铣头扳转方向。

5. 修配一蜗杆副，测得蜗杆的齿顶圆直径 $d_{a1}=26.4$mm，配偶蜗轮的外径 $D_2=172$mm，$z_1=1$，$z_2=82$。试计算模数 m，蜗轮齿顶圆直径 d_{a2} 和中心距 a。

四、参考答案及解析

（一）判断题

1. ×	2. √	3. ×	4. √	5. ×	6. ×	7. √	8. √
9. ×	10. ×	11. ×	12. √	13. √	14. √	15. ×	16. ×
17. √	18. ×	19. √	20. √	21. √	22. ×	23. ×	24. √
25. ×	26. √	27. √	28. √	29. ×	30. √	31. √	32. ×
33. √							

（二）选择题

1. C	2. C	3. B	4. B	5. A	6. B	7. A	8. C
9. C	10. A	11. A	12. B	13. A	14. B	15. B	16. B
17. A	18. B	19. A	20. B	21. C	22. C	23. A	24. A
25. C	26. B	27. C	28. A	29. B	30. C	31. C	32. A
33. B	34. C	35. B	36. C	37. A	38. C		

（三）简答题

1. 答：因为锥齿轮的齿形是逐渐向圆锥顶点收缩的，锥齿轮铣刀的廓形是按大端齿形曲线设计的，而刀齿宽度是按齿宽等于 R/3 时的小端齿槽宽度设计的，所以，当齿槽中部铣好后，齿轮大端齿厚还有一定的加工余量，并且余量从小端到大端逐渐增多，为了达到大端的齿厚要求，必须要进行偏铣，使大端齿槽两侧多铣去一些。

2. 答：常用的偏铣方法是零件绕分度头轴线转动的铣削方法，具体操作时，第一种方法是在铣出齿槽中部后，先确定分度头主轴转角，然后再横向移动工作台偏铣两侧余量；第二种方法是在铣出齿槽中部后，先确定工作台横向移动量，而分度头回转量 N 则由试铣确定。

3. 答：大质数锥齿轮分齿要用差动分度，故分度头主轴不能与底面和侧轴倾斜，因此需在立式铣床上用短刀杆装夹盘形齿轮铣刀铣削，或在卧式铣床上用指形齿轮铣刀铣削。安装分度头时，使分度头主轴轴线与工作台台面平行，并与纵向进给方向偏斜一个铣削角。在偏铣大端两侧时，工件回转量仍用分度手柄和孔盘控制，偏移量由工作台升降进行调整。

4. 答：①用断续分齿法加工蜗轮时，飞刀安装在短刀杆上，刀杆刚度较差，因此须合理选择铣削用量；②采用这种方法时由于飞刀旋转运动和齿坯的转动没有固定联系，铣出的齿槽不是螺旋槽，当蜗轮螺旋角较大时，啮合性能较差；③铣削时刀杆轴线与蜗杆实际啮合轴线有一个夹角 β，因此刀头旋转的轨迹与配偶蜗杆齿形运动的轨迹不重合，铣出的蜗轮齿顶圆弧各处齿高不相等，检测时需注意测量位置；④若配偶蜗杆是阿基米德螺旋面，飞刀切成的法向齿廓与蜗杆的外凸曲线法向齿廓有较大误差。综上所述，这种方法适宜加工精度不高，螺旋角较小的蜗轮。

5. 答：常见质量问题：①齿面表面粗糙度值较大；②齿形误差超差；③齿距误差超差；④易乱齿；⑤齿厚不对，其中齿形误差超差的原因是：①飞刀头刃磨不正确；②飞刀头安装不正确；③展成计算错误或操作不正确；④对刀不正确。齿厚不对的原因是：①吃刀量调整错误；②铣刀厚度超差。

（四）计算题

1. 解：$\tan\delta_1 = \dfrac{z_1}{z_2} = \dfrac{20}{30} \approx 0.6666 \quad \delta_1 = 33°41'24''$

$\delta_2 = 90° - \delta_1 = 90° - 33°41'24''' = 56°18'36''$

$d_{a1} = m(z_1 + 2\cos\delta_1) = 3\text{mm} \times (20 + 2\cos 33°41'24'') =$
$3\text{mm} \times (20 + 2 \times 0.8321) = 64.99\text{mm}$

$d_{a2} = m(z_2 + 2\cos\delta_2) = 3\text{mm} \times (30 + 2\cos 56°18'36'') =$
$3\text{mm} \times (30 + 2 \times 0.5547) = 93.33\text{mm}$

答：节锥角 $\delta_1 = 33°41'24''$，$\delta_2 = 56°18'36''$；齿顶圆直径 $d_{a1} = 64.99\text{mm}$，$d_{a2} = 93.33\text{mm}$。

2. 解：因为 $\tan\theta_a = \dfrac{2\sin\delta}{z} \quad \tan\theta_f = \dfrac{2.4\sin\delta}{z}$

所以应先计算 δ_1 值

$$\tan\delta_1 = \frac{z_1}{z_2} = \frac{30}{40} = 0.75 \quad \delta_1 = 36.87°$$

$$\tan\theta_{a1} = \frac{2\sin\delta_1}{z_1} = \frac{2\times\sin 36.87°}{30} = 0.04 \quad \theta_{a1} = 2.29°$$

$$\delta_{a1} = \delta_1 + \theta_{a1} = 36.87° + 2.29° = 39.16°$$

$$\tan\theta_{f1} = \frac{2.4\sin\delta_1}{z_1} = \frac{2.4\times\sin 36.87°}{30} = 0.048 \quad \theta_{f1} = 2.75°$$

$$\delta_{f1} = \delta_1 - \theta_{f1} = 36.87° - 2.75° = 34.12°$$

答：齿顶圆锥角 δ_{a1}=39.16°，齿根圆锥角 δ_{f1}=34.12°。

3. 解：因为标准锥齿轮 $\frac{R-b}{R} = \frac{2}{3}$

所以 $m_i = \frac{R-b}{R}m = \frac{2}{3}\times 3\text{mm}=2\text{mm}$

因为 $z_v = \frac{z_1}{\cos\delta_1}$，所以应先计算 δ_1

$$\tan\delta_1 = \frac{z_1}{z_2} = \frac{50}{30} \approx 1.6667 \quad \delta_1 = 59.04°$$

$$z_v = \frac{z_1}{\cos\delta_1} = \frac{50}{\cos 59.04°} = 89.51 \approx 90$$

答：锥齿轮小端模数 m_i=2mm，当量齿数 z_v=90。

4. 解：

$$i = \frac{z_A z_C}{z_B z_D} = \frac{40P_{\underline{44}}}{\pi m_t z_2} = \frac{40\times 6}{3.1416\times 2\times 48} \approx 0.7958$$

若取 z_A=100，z_C=35，z_B=55，z_D=80

$$i = \frac{100\times 35}{55\times 80} \approx 0.7955$$

$$\Delta_i = 0.7958 - 0.7955 = 0.0003$$

因为铣削用飞刀在工件外侧，β=4°23′55″（R），

所以铣头应顺时针扳转 4°23′55″。

答：交换齿轮 z_A=100，z_C=35，z_B=55，z_D=80，铣头应顺时针扳转 4°23′55″。

5. 解：当 z_1=1 时，$D_2 = d_{a2} + 2m$

因为 $d_{a2} = m(z_2+2)$，所以 $D_2 = m(z_2+2) + 2m$。

$$m = \frac{D_2}{z_2 + 4} = \frac{172\text{mm}}{82+4} = 2\text{mm}$$

$$d_{a2} = m(z_2 + 2) = 2\text{mm} \times (82+2) = 168\text{mm}$$

$$a = \frac{d_1 + d_2}{2} = \frac{(d_{a1} - 2m) + (d_{a2} - 2m)}{2} = \frac{(26.4 - 2\times 2) + (168 - 2\times 2)}{2}\text{mm} = 93.2\text{mm}$$

答：模数 m=2mm，蜗轮齿顶圆直径 d_{a2}=168mm，中心距 a=93.2mm。

理论模块 4　孔加工

一、考核范围

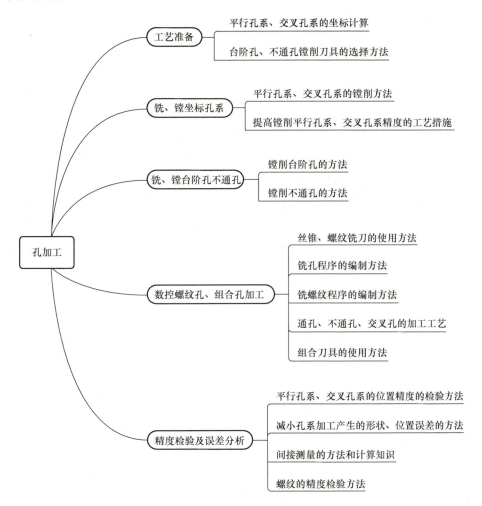

二、考核要点详解

知识点（平行孔系）示例 1（表 2-7）：

表 2-7　平行孔系加工知识点

概念	由若干轴线相互平行的孔或同轴孔系组成的一组孔称为平行孔系
用途	在设计齿轮变速器等箱体零件时，应用平行孔系结构实现齿轮变速系统的安装
种类	按孔系轴线长度分：短轴线平行孔系、长轴线平行孔系。按孔距标注方法分：用直角坐标标注的平行孔系、用极坐标标注的平行孔系
计算	直角坐标系标注的孔系按平面直角坐标值 X、Y 确定孔的位置；极坐标系标注的孔系按极坐标的极径 ρ 和极角 θ 确定孔的位置

知识点（悬伸镗削法）示例2（表2-8）：

表2-8 悬伸镗削法知识点

概念	悬伸镗削法是使用悬伸的镗刀杆对中等孔径和不通孔同轴孔系进行镗削加工的方法
特点	适用于短轴线的孔和同轴孔系加工；镗杆的调换和安装、刀具的调整比较方便
方式	不调换镗刀杆镗削方式、调换镗刀杆镗削方式、调换镗刀杆并采用导套的方式
分类	按进给运动分：主轴进给和工作台进给

三、练习题

（一）判断题（对的画√，错的画×）

1. 零件上的非配合尺寸，如果测得为小数，应圆整为整数标出。（　　）
2. 在两个不同的工序中，都使用同一个定位基准，即为基准重合原则。（　　）
3. 箱体零件加工时，先加工孔后加工平面是机械加工顺序安排的规律。（　　）
4. 在相同力的作用下，具有较高刚度的工艺系统产生的变形较大。（　　）
5. 子程序不能单独执行。（　　）
6. 球头立铣刀的刀位点一般为球心。（　　）
7. 基点的坐标计算可以借助CAD软件完成。（　　）
8. 已知直线的起点$O(0,0)$、终点$E(8,4)$，则A点$(9.6,4.6)$位于该直线延长线上。（　　）
9. G91 G03 X-4. Y2. I-4. J-3. F100.；该程序段所加工的圆弧半径是5mm。（　　）
10. 当数控机床接通电源后，自动选择G54坐标系。（　　）
11. 加工中心的固定循环指令主要用于轮廓加工。（　　）
12. G98指令表示钻孔结束后，刀具返回到起始平面。（　　）
13. 没有主轴准停功能的数控铣床常用G76指令来实现精镗孔。（　　）
14. 子程序可以再调用另一个子程序。（　　）
15. 子程序结束只能返回到调用程序段之后的程序段。（　　）
16. 极坐标编程时，坐标值可以用极坐标（极径和极角）输入。（　　）
17. 程序段G18 G03 X0 Z0 Y30. I20. K0 J10. F50.；所描述螺旋线的螺距是20mm。（　　）
18. 使用可调式的镗刀配合G33指令可在没有安装位置编码器的铣床上加工大直径的螺纹。（　　）
19. 程序中断退出后，可以从中断处重新启动加工。（　　）
20. 镗削大直径深孔，采用单刃镗刀镗削，可以纠正孔的轴线位置。（　　）
21. 刚性攻螺纹时，丝锥必须夹持在浮动刀把中，需具有浮动功能。（　　）

（二）单项选择题（将正确答案的序号填入括号内）

1. 高速钢主要用于制造（　　）。
   A. 高温轴承　　B. 切削刀具　　C. 高温弹簧　　D. 冷作模具
2. 低温回火一般不用于（　　）。
   A. 量具　　B. 模具　　C. 主轴　　D. 刀具
3. 计算机绘图系统按其工作方式可分为静态自动绘图系统和（　　）。
   A. 数据绘图系统　　　　　　B. 投影绘图系统
   C. 动态交互式绘图系统　　　D. 动态自动式绘图系统
4. 下列说法（　　）是正确的。
   A. 工艺系统受力变形是线性的
   B. 系统刚度等于各组成部分刚度之和
   C. 系统柔度等于各组成部分柔度之和
   D. 一个部件的刚度通常比同体积零件刚度大
5. 数控加工中为保证多次安装后表面上的轮廓位置及尺寸协调，常采用（　　）原则。
   A. 基准重合　　B. 基准统一　　C. 自为基准　　D. 互为基准
6. 为提高零件加工的生产率，应考虑的最主要的方面是（　　）。
   A. 减少毛坯余量
   B. 提高切削速度
   C. 减少零件加工中的装卸、测量和等待时间
   D. 减少零件在车间的运送和等待时间
7. 数控铣床的机床零点，由制造厂调试时存入机床计算机，该数据一般（　　）。
   A. 临时调整　　B. 能够改变　　C. 永久存储　　D. 暂时存储
8. 数控机床几乎所有的辅助功能都通过（　　）来控制。
   A. 继电器　　B. 主计算机　　C. G 代码　　D. PLC
9. 深孔加工的关键是深孔钻的（　　）问题。
   A. 几何形状和冷却排屑　　　B. 几何角度
   C. 钻杆刚度　　　　　　　　D. 冷却排屑
10. 铰孔的特点之一是不能纠正（　　）。
    A. 表面粗糙度　　B. 尺寸精度　　C. 形状精度　　D. 位置精度
11. 在精加工和半精加工时一般要留加工余量，下列（　　）半精加工余量相对较为合理。
    A. 5mm　　B. 0.5mm　　C. 0.01mm　　D. 0.005mm
12. 镗孔的关键技术是刀具的刚度、冷却和（　　）问题。

A. 振动　　　B. 工件装夹　　　C. 排屑　　　D. 切削用量的选择

13. 下列螺纹参数中，（　　）在标注时，允许不标注。

　　A. 细牙螺纹的螺距　　　　B. 双线螺纹的导程
　　C. 右旋螺纹　　　　　　　D. 旋合长度

14. 下列孔加工方法中，属于定尺寸刀具法的是（　　）。

　　A. 钻孔　　　B. 磨孔　　　C. 镗孔　　　D. 车孔

15. FANUC 系统中，"N10 G54 G90 G00 X100. Y0；N20 G03 X86.803 Y50. I-100. J0 F100；"程序所加工圆弧的圆心角约为（　　）。

　　A. 75°　　　B. 45°　　　C. 60°　　　D. 30°

16. 某系统调用子程序的格式为"M98 P×××××××；"则表示该系统每次最多调用子程序（　　）次。

　　A. 9　　　B. 99　　　C. 1　　　D. 999

17. 子程序调用可以嵌套（　　）级。

　　A. 4　　　B. 5　　　C. 3　　　D. 2

18. 主程序调用一个子程序时，假设被调用子程序的结束程序段为"M99 P0010；"该程序段表示（　　）。

　　A. 跳转到子程序的 N0010 程序段　　　B. 再调用 O0010 子程序
　　C. 调用子程序 10 次　　　　　　　　D. 返回到主程序的 N0010 程序段

19. 下列条件表达式运算符中，表示大于或等于的是（　　）。

　　A. GE　　　B. LT　　　C. LE　　　D. GT

20. 位置精度较高的孔系加工时，特别要注意孔的加工顺序的安排，主要是考虑（　　）。

　　A. 加工表面质量　　　B. 坐标轴的反向间隙
　　C. 刀具寿命　　　　　D. 控制振动

21. 孔系加工，确定加工路线时，必须考虑（　　）。

　　A. 同方向进给　　　B. 路径短且同方向
　　C. 反方向进给　　　D. 路径最短

22. 加工一椭圆锥台，优先选用的机床是（　　）。

　　A. 五轴数控铣床　　　B. 三轴加工中心
　　C. 三轴数控铣床　　　D. 五轴加工中心

23. 对未经淬火且直径较小孔的精加工应采用（　　）。

　　A. 镗削　　　B. 磨削　　　C. 铰削　　　D. 钻削

24. 镗孔时，为了保证镗杆和刀体有足够的刚度，孔径在 30~120mm 范围时，镗杆直径一般为孔径的（　　）倍较为合适。

　　A. 1　　　B. 0.8　　　C. 0.5　　　D. 0.3

25. 螺纹铣削时，属于顺铣方式加工右旋内螺纹的是（　　）。
   A. G02 螺旋插补，-Z 方向进给　　　B. G02 螺旋插补，+Z 方向进给
   C. G03 螺旋插补，+Z 方向进给　　　D. G03 螺旋插补，-Z 方向进给
26. 螺纹铣刀铣削螺纹时，螺纹导程靠（　　）实现。
   A. 机床 Z 轴运动　　　B. 机床 Y 轴运动
   C. 螺纹铣刀螺距　　　D. 机床 X 轴运动

（三）多项选择题（将正确答案的序号填入括号内）

1. 为了把被测零件准确完整地表达出来，应先对被测零件进行认真的分析，了解零件的（　　）等。
   A. 类型　　B. 功能　　C. 材料　　D. 装配关系　　E. 工艺制造过程
2. 采用镗模法加工箱体孔系，其加工精度主要取决于（　　）。
   A. 镗杆刚度　　B. 机床主轴回转精度　　C. 机床导轨的直线度
   D. 镗模的精度　　E. 机床导轨平面度
3. 一个完整的程序通常至少由（　　）组成。
   A. 程序名　　B. 程序内容　　C. 程序注释　　D. 程序结束
   E. 程序段号
4. 已知直线的起点 $O(0, 0)$、终点 $E(8, 3)$，则下列选项中，位于该直线延长线上的坐标点是（　　）。
   A.（12，4.5）　　B.（12，4.4）　　C.（11.2，4.2）　　D.（9.6，4.4）
   E.（9.6，3.6）
5. 下列选项中，函数值为 0.5 的是（　　）。
   A. $\sin150°$　　B. $\sin210°$　　C. $\sin30°$　　D. $\sin120°$　　E. $\sin60°$
6. 普通数控机床能实现（　　）内的圆弧插补运算。
   A. XYZ 三维　　B. YZ 平面　　C. XZ 平面　　D. XY 平面
7. 加工中心换 T01 刀具的程序可以是（　　）。
   A. N10 T01；N20 M06；　　B. N10 T01 M06；　　C. N10 M06 T01；
   D. N10 M06；N20 T01；　　E. N10 T01；
8. 当前刀具所在位置是 G54 坐标系的（X10.，Y10.），现需要坐标轴从目前位置直接返回参考点，所用的程序为（　　）。
   A. G54 G91 G28 X10. Y10.；　　B. G54 G90 G28 X0 Y0；
   C. G91 G28 X0 Y0　　　　　　D. G54 G90 G28 X10. Y10.；
   E. G90 G28 X0 Y0；
9. 除用 G80 取消固定循环功能以外，当执行了下列（　　）指令后固定循环功能也被取消。
   A. G03　　B. G02　　C. G04　　D. G00　　E. G01

10. 用于攻螺纹加工的固定循环指令是（　　）。
    A. G85   B. G84   C. G83   D. G74   E. G73

11. 下列表示调用子程序3次的有（　　）。
    A. M98 P30003   B. M98 P0303   C. M98 P030003
    D. M98 P0030003   E. M98 P003003

12. 下列选项中，（　　）是正确的子程序结束程序段。
    A. M99 P0010   B. M99   C. M98   D. M30   E. M02

13. 指定工件坐标系的（X10.，Y10.）为极坐标的原点，正确的程序是（　　）。
    A. G90 G17 G16；
    B. G90 G17 G16 X10. Y10.；
    C. N10 G00 X10. Y10.；N20 G90 G17 G16；
    D. N10 G00 X10. Y10.；N20 G91 G17 G16；
    E. N10 G90 G52 X10. Y10.；N20 G90 G17 G16；

14. 下列选项中，所描述螺旋线螺距为10mm的程序段是（　　）。
    A. G19 G03 Y0 Z0 X50. J10. K0 I20. F50.；
    B. G19 G03 Y0 Z0 X25. J10. K0 I10. F50.；
    C. G18 G03 X0 Z0 Y30. I20. K0 J10. F50.；
    D. G17 G03 X0 Y0 Z40. I15. J0 K10. F50.；
    E. G17 G03 X0 Y0 Z35. I10. J0 K15. F50.；

15. 平行孔系的加工方法一般有（　　）。
    A. 精镗法   B. 坐标法   C. 找正法   D. 镗模法   E. 试切法

16. 镗孔出现振纹，主要原因是（　　）。
    A. 镗杆刚度较差   B. 刀尖圆弧半径大   C. 机床精度低
    D. 工作台移距不准   E. 工作台爬行

17. 内螺纹铣削时，加工右旋内螺纹的走刀路线是（　　）。
    A. G03 螺旋插补，-Z方向进给   B. G02 螺旋插补，-Z方向进给
    C. G02 螺旋插补，+Z方向进给   D. G01 直线插补，-Z方向进给
    E. G03 螺旋插补，+Z方向进给

18. 攻螺纹时，Z轴的进给速度（mm/min）由（　　）决定。
    A. 刀具材料   B. 丝锥螺距   C. 丝锥直径   D. 工件材料   E. 主轴转速

四、参考答案及解析

（一）判断题

1. √   2. ×   3. ×   4. ×   5. ×   6. √   7. √   8. ×
9. √   10. √   11. ×   12. √   13. ×   14. √   15. ×   16. √

17. ×　　18. ×　　19. √　　20. √　　21. ×

（二）单项选择题

1. B　　2. C　　3. C　　4. C　　5. B　　6. C　　7. C　　8. D
9. A　　10. D　　11. B　　12. C　　13. C　　14. A　　15. D　　16. D
17. A　　18. D　　19. A　　20. B　　21. B　　22. C　　23. C　　24. B
25. C　　26. A

（三）多项选择题

1. ABCDE　　2. AD　　3. ABD　　4. ACE
5. AC　　6. BCD　　7. ABC　　8. CD
9. ABDE　　10. BD　　11. ACD　　12. AB
13. DE　　14. BCD　　15. BCD　　16. AE
17. BE　　18. BE

理论模块5 成形面、螺旋面和曲面加工

一、考核范围

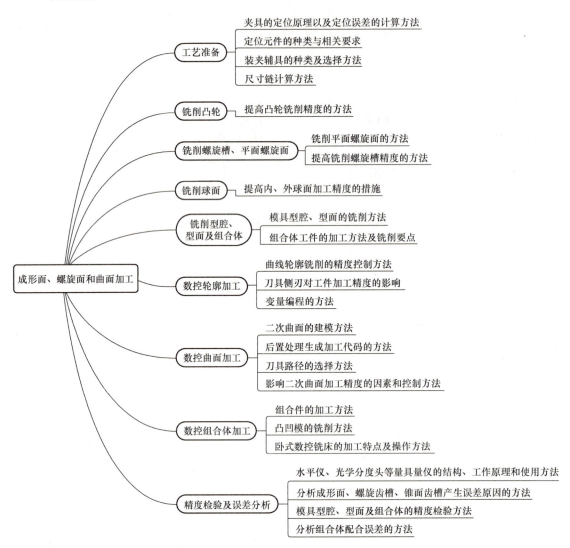

二、考核要点详解

知识点（仿形铣削方式）示例1（表2-9）：

表2-9 仿形铣削方式知识点

概念	仿形销和铣刀按照预定的运动轨迹（由主进给运动和周期进给运动组成）进行仿形铣削的方法
用途	各种仿形方式适用于不同形状的立体曲面和平面轮廓的仿形铣削加工
种类	轮廓仿形、分行仿形、周期进给仿形三种方式
特点	选择仿形方式，实质上是选择主进给方式和周期进给方式，选择时应遵循仿形方式的适用范围

知识点（等速圆柱凸轮）示例2（表2-10）：

表2-10　等速圆柱凸轮知识点

概念	在圆柱面端面上加工出等速螺旋面，或在圆柱面上加工出等速螺旋槽的凸轮，称为等速圆柱凸轮
组成	等速圆柱凸轮是由多条不同导程的矩形螺旋槽连接而成的
分类	按螺旋面的类型分类，有法向直廓螺旋面和直线螺旋面
特征	法向直廓螺旋面的型面素线始终与基圆柱相切；直线螺旋面的型面素线与轴线成 90° 夹角
计算	螺旋槽具有螺旋角、导程等基本参数，螺旋角公式 $\tan\beta=\pi D/P_h$

三、练习题

（一）判断题（对的画√，错的画 ×）

1. 由铣削球面的原理可知，当铣刀旋转时，刀尖运动的轨迹与球面的截形圆重合，并与工件绕其本身轴线旋转运动相配合，即可铣出球面。（　　）

2. 为了使铣刀刀尖运动轨迹与球面的某一截形圆重合，铣刀的回转轴线必须通过工件球心。（　　）

3. 球面的铣削加工位置由铣刀刀尖的回转直径确定。（　　）

4. 当选用普通刀盘和切刀加工外球面时，可通过修磨切刀主偏角和副偏角调整刀尖回转直径。（　　）

5. 铣削球面时，若刀盘刀尖回转直径较小，切刀应选取较小的后角，保证铣削顺利。（　　）

6. 用立铣刀铣削内球面时，内球面底部出现凸尖的原因是立铣刀刀尖最高切削点偏离工件中心位置。（　　）

7. 当球面留下的铣削纹路是单向时，球面形状不正确。（　　）

8. 球面呈橄榄状的原因是工件与分度头同轴度精度低。（　　）

9. 铣刀盘上的切刀在铣削球面过程中位移会影响球面的形状。（　　）

10. 内外球面的形状精度可采用倒角较小的高精度平行套圈检验。（　　）

11. 用立铣刀铣削内球面时，铣刀的直径可以任意选取。（　　）

12. 铣刀的回转轴线必须通过工件球心。（　　）

13. 铣削加工球面时，铣刀刀尖的回转直径以及截形圆所在平面与球心的距离确定球面的尺寸和形状精度。（　　）

14. 用镗刀铣削内球面，当球面深度较小时，主轴倾斜角可以取零度。（　　）

15. 内球面的深度测量通常采用小于球径的钢球进行直接测量。（　　）

16. 采用样板检测球面的形状精度时，应将样板在某一方位对准球心进行缝隙观察。（　　）

17. 当模具型面是立体曲面和曲线轮廓时，应采用仿形铣床和数控铣床加工。（　　）

18. 在普通铣床上铣削模具型腔，首先应对模具型腔进行形体分解。（　　）

19. 由于模具图样比较复杂，因此操作者应首先画出模具成形件的立体图，然后再进行形体分解。（ ）

20. 修磨铣削模具的专用锥度立铣刀时，锥面在外圆磨床上修磨，后面和棱带由手工修磨。（ ）

21. 双刃的锥度立铣刀，若修磨不对称，会产生单刃切削或错向切削。（ ）

22. 修磨球面专用铣刀时，因改制的立铣刀或键槽铣刀前面已由工具磨床刃磨，因此只需修磨后面和棱带。（ ）

23. 球面立铣刀的后面应全部磨成平面，以防止后面"啃切"加工表面。（ ）

24. 修磨刀尖圆弧时，应使刀尖部位前面沿砂轮径向平面，刀具柄部与砂轮外圆成一定角度。（ ）

25. 专用铣刀修磨刀尖圆弧，应使刀尖圆弧与圆周刃相交连接。（ ）

26. 随动作用式仿形铣床的铣刀和仿形销之间是刚性连接的。（ ）

27. 随动作用式仿形铣床具有随动系统，它能使仿形销自动跟随模型移动。（ ）

28. XB4480型仿型铣床的仿形仪与主轴箱是刚性连接的。（ ）

29. XB4480型仿形铣床的仿形仪轴杆只能沿座架做轴向移动。（ ）

30. XB4480型仿形铣床随动系统使主轴箱和仿形仪做随动运动，移动的方向使模型对仿形销保持一定的压力。（ ）

31. 铣削汽车覆盖件冲模，可以覆盖件的内轮廓作为仿形铣削凸模的模型。（ ）

32. 制作石膏模时，模型上要涂一层软肥皂做脱模剂。（ ）

33. 仿形销头部的形状应与模型相适应，其斜角应与模型工作面的最大斜角相等。（ ）

34. 实际上，仿形销头部的球面半径应与铣刀相同。（ ）

35. 若自制仿形销，可用钢、铝和塑料（尼龙）等材料制作，但其质量有具体规定。（ ）

36. 模具仿形铣削中最常用的是锥形球面铣刀。（ ）

37. 仿形铣削模具时，仿形方式一般是组合使用的，但同一表面只能采用一种仿形方式。（ ）

38. 仿形铣削的粗铣、精铣可以通过调整仿形销和铣刀的轴向相对位置来控制余量。（ ）

39. 两坐标联动的数控铣床可以用于加工立体曲面零件。（ ）

40. 工件一般处于三维坐标系统，因此目前数控铣床最多为三轴联动。（ ）

41. 用立铣刀侧刃铣削凸模平面外轮廓时，应沿外轮廓曲线延长线的法向切入。（ ）

42. 用立铣刀侧刃铣削凸模平面外轮廓时，应沿型面外轮廓延长线的切向逐渐切离工件。（　　）

43. 铣削凹模平面封闭内轮廓时，刀具只能沿轮廓曲线的切向切入和切出。（　　）

44. 刀具上的刀位点是根据不同铣刀形式确定的，例如，球头立铣刀的刀位点是铣刀球面刃的球心。（　　）

45. 自动换刀的数控铣床，刀具装上铣床前，应根据编程确定的参数对刀具进行预调。（　　）

46. 通常编制数控铣床程序要确定 G（准备功能）指令和 M（辅助功能）指令。（　　）

47. 模具材料价格较高，因此若采用数控铣床加工较大模具，可先用塑料模拟铣削，用以验证程序。（　　）

48. 仿形铣床操作过程中，若仿形仪出现故障，仿形销会脱离模型的表面。（　　）

49. 仿形仪的灵敏度对铣削有影响，粗铣时，仿形仪的灵敏度应高一些。（　　）

50. 为了保证质量，提高生产率，模具必须在同一种机床上采用同一种铣削方法进行加工。（　　）

51. 模具型腔的铣削残留部位应尽量少一些，残留部位中较难连接的圆弧允许稍有凹陷，以便钳工修锉。（　　）

52. 铣削组合件后的重点主要是测量零件各项尺寸。（　　）

53. 组合件铣削前，除对零件进行工艺分析外，还须对配合部位进行工艺分析。（　　）

54. 用户宏程序适合尺寸不同、形状相似零件的通用加工程序编程。（　　）

55. 目前使用最普遍的用户宏程序是 A 类宏程序。（　　）

56. 变量号也可以用变量表示。（　　）

57. 设 #1=1，则 N#1 就表示程序段号为 N1。（　　）

58. 当用变量时，变量值只能通过程序赋值。（　　）

59. 变量乘法和除法运算的运算符用 * 和 / 表示。（　　）

60. 函数 SIN、COS、ASIN、ACOS、TAN 和 ATAN 的角度单位是度。（　　）

61. 程序中没有书写顺序号，就不能使用 GOTO 语句。（　　）

62. 只有实体模型可作为 CAM 的加工对象。（　　）

63. CAM 编程时，曲面的粗加工优先选择球头立铣刀。（　　）

（二）单项选择题（将正确答案的序号填入括号内）

1. 根据球面铣削加工原理，铣刀回转轴线与球面工件轴线的交角确定球面的（　　）。

A. 半径尺寸　　　　B. 形状精度　　　　C. 加工位置

2. 铣削球面时，铣刀回转轴线与工件轴线的交角 β 与工件倾斜角 α（或铣刀倾斜角）之间的关系为（　　）。

A. $\alpha + \beta = 90°$　　B. $\beta - \alpha = 90°$　　C. $\alpha = 90° + \beta$

3. 铣削单柄球面时，分度头（或工件）倾斜角与（　　）有关。

A. 球面位置　　　B. 球面半径和工件柄部直径　　　C. 铣刀刀尖回转直径

4. 调整刀盘刀尖回转直径时，可通过修磨切刀的（　　）改变刀尖位置，达到球面铣削的要求。

A. 后角　　　　　B. 前角　　　　　C. 主偏角和副偏角

5. 铣削等直径双柄球面时，工件的倾斜角等于（　　），工件轴线与铣刀轴线的交角等于（　　）。

A. 0°，90°　　　B. 0°，0°　　　C. 90°，90°

6. 铣削较小直径的球面时，由于铣刀回转直径较小，因此切刀应选取（　　）后角，以便保证铣削顺利。

A. 较小　　　　　B. 较大　　　　　C. 负

7. 用立铣刀铣削内球面时，立铣刀直径（　　）选取。

A. 可任意　　　　B. 应按 $d > d_i$　　　C. 应按 $d < d < d_m$

8. 铣削内球面时，若内球面底部出现凸尖，应判断凸尖是由端齿铣成还是由周齿铣成，若由（　　）铣成，则应（　　），直至凸尖恰好铣去。

A. 端齿，升高工作台　　B. 周齿，升高工作台　　C. 端齿，下降工作台

9. 铣削球面后，可根据球面加工时留下的切削纹路判断球面形状，表明球面形状正确的切削纹路是（　　）。

A. 平行的　　　　B. 单向的　　　　C. 交叉的

10. 铣成的球面呈橄榄状的原因是（　　）。

A. 铣刀与工件轴线不在同一平面内　　B. 工件或铣刀的倾斜角不正确

C. 铣刀刀尖回转直径偏差过大

11. 用倾斜铣削法加工圆盘凸轮时，实际导程 P_h 与假定导程 $P_交$ 的比值（　　）。

A. 大于 1　　　　B. 小于或等于 1　　　C. 小于 1

12. 用倾斜铣削法加工圆盘凸轮时，铣刀轴线与工件轴线应处于（　　）位置。

A. 交角等于倾斜角的　　　　B. 平行　　　　C. 垂直

13. 铣削一圆柱矩形螺旋槽凸轮，当导程是 P_h 时，外圆柱表面的螺旋角为 30°，则螺旋槽底所在圆柱表面的螺旋角（　　）30°。

A. 小于　　　　　B. 大于　　　　　C. 等于

14. 铣削端面凸轮时，铣刀对中后应偏移一段距离，偏移量应按铣刀半径和（　　）计算。

A. 工件外径处导程角　　B. 工件槽底处导程角　　C. 螺旋面平均升角

15. 圆柱端面凸轮一般用（　　）。

A. 法向直廓螺旋面　　B. 直线螺旋面　　C. 渐开线型面

16. 铣削端面凸轮时，左螺旋面应采用（　　）立铣刀。

A. 直齿　　B. 左旋左刃　　C. 右旋右刃

17. 圆柱凸轮的导程是通过测量（　　），并经过计算来进行检验的。

A. 曲线所占中心角和升高量

B. 曲线所占中心角和基圆直径

C. 曲线升高量和基圆直径

18. 用倾斜法铣削圆盘凸轮螺旋面时，切削部位将沿铣刀切削刃移动，因此需根据（　　）的主轴倾斜角α计算立铣刀切削部分长度。

A. 较大　　B. 中间平均　　C. 较小

19. 用倾斜法铣削圆盘凸轮时，若倾斜角调整得不精确，不仅会影响凸轮型面素线与工件轴线的平行度，还会影响凸轮（　　）。

A. 导程　　B. 型面位置精度　　C. 型面表面质量

20. 一螺旋槽圆柱凸轮外径处的导程角为30°，槽底处的导程角为27°，则螺旋面的平均导程角为（　　）。

A. 29°　　B. 28.5°　　C. 27.5°

21. 用立铣刀铣削圆柱螺旋槽凸轮，引起干涉的主要原因是（　　）。

A. 不同直径处的螺旋角偏差

B. 铣刀端面刃切削性能差

C. 螺旋槽两侧切削力偏差

22. 铣削圆柱凸轮时，进刀、退刀和切深操作均应在（　　）进行。

A. 上升曲线部分　　B. 下降曲线部分　　C. 转换点位置

23. 铣削圆柱螺旋槽凸轮时，若铣床主轴的跳动量较大，则会直接影响（　　）。

A. 螺旋槽槽宽精度　　B. 导程　　C. 螺旋角

24. 在立式铣床上铣削圆柱端面凸轮时，进行进刀和退刀应（　　）。

A. 横向移动工作台

B. 单独纵向移动工作台或转动分度头手柄

C. 垂向移动工作台

25. 用立铣刀铣削螺旋槽凸轮时，当导程确定后，只有（　　）处的螺旋线与铣刀切削轨迹吻合。

A. 槽底角　　B. 外圆柱面　　C. 螺旋槽侧中间

26. 用小于槽宽的铣刀精铣凸轮螺旋槽时，应调整铣刀的中心位置，调整时（　　）达到切削位置。

A. 分别纵向和横向移动工作台

B. 单独转动分度手柄

C. 只纵向或者横向移动工作台

27. 为提高凸轮型面的夹角精度,应通过(　　)来控制型面的起始位置。

A. 分度头主轴分度盘

B. 分度定位销和分度盘孔圈的相对位置

C. 分度盘孔圈和壳体的相对位置

28. 在通用铣床上铣削模具时,操作工人通常需掌握(　　)的操作技能。

A. 改制修磨铣刀和手动进给铣削成形面

B. 检测专用夹具

C. 制作模型

29. 在通用铣床上铣削模具型腔,读图后(　　)是确定铣削加工方法前首要的准备工作。

A. 选择机床　　　B. 对工件作形体分解　　　C. 选择切削用量

30. 修磨和改制铣削模具型腔的专用锥度立式铣刀时,手工修磨主要是修磨铣刀的(　　)。

A. 棱带　　　　　B. 前面　　　　　　　　　C. 后面

31. XB4480型仿形铣床仿形销与模型之间的接触压力为(　　)N。

A. 6~6.5　　　　B. 0.6~1　　　　　　　　C. 2~3

32. 随动进给运动的方向总是使模型与仿形销保持一定的压力,当仿形销沿上升曲线进给时,接触压力增大,仿形仪与铣头应(　　)。

A. 向接近模型方向移动

B. 向退离模型方向移动

C. 沿曲面切向滑动

33. 在随动作用式仿形铣床上使用的模型可由多种材料制成,最方便的材料是(　　)。

A. 石膏　　　　　B. 木材　　　　　　　　　C. 铝合金

34. 制作石膏模型时,石膏浆倒入模型或把模型埋入石膏浆内的操作应在(　　)min内完成。

A. 4　　　　　　B. 3　　　　　　　　　　C. 5

35. 仿形销头部球面半径在粗铣时应比铣刀大(　　)mm,精铣时比铣刀大(　　)mm,具体数值需通过试铣来确定。

A. 2~4,0.6~1.2　B. 4~5,0.1~0.2　C. 5~6,0.2~0.4

36. 圆锥仿形销的锥度一般是(　　)。

A. 1:30与1:50　　B. 1:20与1:30　　C. 1:20与1:50

37. 自制仿形销的质量一般不超过（　　）g。
　　A. 200~220　　B. 250~300　　C. 300~350
38. 用两个半坐标数控铣床加工空间曲面形状时，控制装置只能控制两个坐标，而第三个坐标只能做（　　）。
　　A. 轴向移动　　B. 等距的周期移动
　　C. 沿某一方向连续移动
39. 用数控铣床铣削模具的加工路线（路径）是指（　　）。
　　A. 工艺过程　　B. 加工程序
　　C. 刀具相对模具型面的运动轨迹和方向
40. 铣削凸模平面外轮廓时，一般采用立铣刀侧刃切削，铣刀一般应（　　）切入和切离。
　　A. 沿轮廓法向　　B. 沿轮廓切向　　C. 沿轮廓曲线延长线的切向
41. 铣削凹模平面封闭内轮廓时，刀具只能沿轮廓曲线的法向切入或切出，但刀具的切入切出点应选在（　　）。
　　A. 圆弧位置　　B. 直线位置　　C. 两几何元素交点位置
42. 立铣刀上刀具轴线与刀具端面齿切削平面的交点称为（　　）。
　　A. 刀位点　　B. 对刀点　　C. 换刀点
43. 在数控铣床上铣削模具时，铣刀相对零件运动的起始点称为（　　）。
　　A. 刀位点　　B. 对刀点　　C. 换刀点
44. 在仿形铣床上铣削模具型腔时，若选用分行铣削法，进行方向往返改变的是（　　）。
　　A. 主导进给　　B. 周期进给　　C. 吃刀进给
45. 在仿形铣床上铣削模具型腔时，若选用分行铣削法，仿形速度是指（　　）。
　　A. 主导进给速度　　B. 仿形销轴向移动速度　　C. 周期进给速度
46. 用数控铣床铣削凹模型腔时，粗铣、精铣的余量可用改变铣刀直径设置值的方法来控制，半精铣时，铣刀直径设置值应（　　）铣刀实际直径值。
　　A. 小于　　B. 等于　　C. 大于
47. 在数控程序中，G 字母代表（　　）。
　　A. 辅助功能指令　　B. 准备功能指令　　C. 主程序编号
48. 在数控程序中，通常 G01 表示（　　）。
　　A. 直线插补　　B. 圆弧插补　　C. 快速进给
49. 在数控程序中，通常用（　　）设定主轴正转。
　　A. 辅助功能指令　　B. 准备功能指令　　C. 数字代码
50. 仿形铣削中，粗铣时仿形仪的灵敏度调低些可（　　）。
　　A. 提高仿形精度　　B. 使铣削平稳　　C. 提高生产率

(三)多项选择题(将正确答案的序号填入空格内)

1. 任意角度倒角和拐角圆弧过渡程序可以自动地插入在(　　)的程序段之间。
   A. 直线插补和直线插补　　　　B. 直线插补和圆弧插补
   C. 圆弧插补和直线插补　　　　D. 圆弧插补和快速定位
   E. 直线插补和快速定位

2. 目前用户宏程序主要分(　　)。
   A. A类　　B. B类　　C. C类　　D. D类　　E. E类

3. 变量算术运算的运算符用(　　)表示。
   A. -　　B. /　　C. +　　D. ÷　　E. *

4. 与加、减运算优先级别一样的是(　　)。
   A. AND　　B. XOR　　C. OR　　D. 乘、除　　E. 函数

5. FANUC系统中有(　　)转移和循环操作可供使用。
   A. THEN语句　　B. WHILE语句　　C. IF语句　　D. GOTO语句
   E. END语句

6. 当#1等于(　　)时,执行IF [#1LE10] GOTO 100;后,程序跳转到N100。
   A. 12　　B. 11　　C. 10　　D. 9　　E. 8

7. 计算机在CAD中的辅助作用主要体现在(　　)。
   A. 修改设计　　B. 数值计算　　C. 图样绘制
   D. 数据存储　　E. 数据管理

8. 一个简单的圆柱体,可以通过一个(　　)特征来完成。
   A. 拉伸　　B. 旋转　　C. 扫描(扫掠)
   D. 放样　　E. 筋板

9. 一般的CAM软件提供的刀具切入切出方式有(　　)。
   A. 圆弧切入切出工件　　　　B. 垂直切入切出工件
   C. 斜线切入工件　　　　　　D. 通过预加工工艺孔切入工件
   E. 旋线切入工件

10. 通常CAM后置处理的操作内容包括(　　)。
    A. 生成NC程序　　B. 确定后处理文件　　C. 修改NC程序
    D. 传送NC程序　　E. 选择刀具路径

11. 目前在DNC系统中采用的通信技术主要有(　　)。
    A. 串口传输　　B. 网络通信　　C. 现场总线
    D. 并口传输　　E. USB接口传输

12. 卧式加工中心适用于需多工位加工和位置精度要求较高的零件,如(　　)。
    A. 壳体　　B. 泵体　　C. 箱体　　D. 平面凸轮　　E. 阀体

44

13. 模具铣刀由立铣刀演变而成，高速钢模具铣刀主要分为（　　）。
   A. 波形立铣刀　　　　　　　　B. 圆锥形球头立铣刀
   C. 圆柱形球头立铣刀　　　　　D. 铲齿成形立铣刀
   E. 圆锥形立铣刀

（四）简答题

1. 简述铣削球面的加工原理。
2. 铣削球面有哪些基本要点？
3. 用目测法检验球面时，如果切削"纹路"是交叉状的，即表明球面形状是正确的，为什么？
4. 为什么在铣削内球面时底部会出现"凸尖"？怎样消除"凸尖"？
5. 铣削球面时球面半径不符合要求的原因有哪些？
6. 在普通铣床上铣削模具型面有哪些难点？
7. 怎样改制修磨和检验球头立铣刀？
8. 选用仿形销时应注意哪些事项？
9. 何谓数控加工路线？怎样确定平面外轮廓和封闭内轮廓的切入、切出路线？
10. 怎样正确使用和维护仿形仪？

（五）计算题

1. 在立式铣床上铣削一不等直径双柄外球面，已知柄部直径 $D=40$ mm，$d=35$ mm，球面半径 $SR=45$ mm。试确定倾斜角 α 和刀盘刀尖回转直径 d_c。
2. 在立式铣床上用立铣刀铣削一内球面，已知内球面深度 $H=15$ mm，球面半径 $SR=20$ mm。试通过计算选择立铣刀直径 d_0。
3. 在立式铣床上用立铣刀铣削一内球面，已知内球面的球面半径 $SR=25$ mm，可选立铣刀最小直径 $d_{ci}=24.5$ mm。试求内球面深度 H 和可选立铣刀最大直径 d_{cm}。
4. 用倾斜法铣削具有两段工作曲线的等速圆盘凸轮时，已知 $P_{h1}=75.9$ mm，$P_{h2}=72.19$ mm，若假定导程 $P'_h=80$ mm。试求分度头倾斜角 α_1、α_2 和立铣头扳转角 β_1、β_2。
5. 用倾斜法铣削具有两段工作曲线的等速圆盘凸轮时，已知凸轮厚度 $B=30$ mm，导程 $P_{h1}=75.9$ mm，$\theta_1=120°$，$P_{h2}=72.19$ mm，$\theta_2=90°$，立铣头扳转角 $\beta_1=18°25'$，$\beta_2=25°32'$。试求立铣刀切削部分长度 L。
6. 用小于槽宽的铣刀精铣圆柱凸轮螺旋槽，已知槽宽为 16mm，铣刀直径 $d_0=12$ mm，工件外径 $D=100$ mm，槽深 $T=12$ mm，导程 $P_h=100$ mm。试求铣刀偏移距离 e_x、e_y。

四、参考答案及解析

（一）判断题

1. √	2. √	3. ×	4. √	5. ×	6. √	7. √	8. ×
9. ×	10. √	11. ×	12. √	13. √	14. √	15. ×	16. ×
17. √	18. √	19. √	20. √	21. √	22. ×	23. ×	24. √
25. ×	26. ×	27. ×	28. √	29. ×	30. √	31. ×	32. √
33. ×	34. ×	35. √	36. √	37. ×	38. √	39. √	40. ×
41. ×	42. √	43. ×	44. √	45. √	46. √	47. √	48. √
49. ×	50. ×	51. ×	52. ×	53. √	54. √	55. ×	56. √
57. ×	58. ×	59. √	60. √	61. √	62. ×	63. ×	

（二）单项选择题

1. C	2. A	3. B	4. C	5. A	6. B	7. C	8. A
9. C	10. A	11. C	12. B	13. A	14. C	15. B	16. C
17. A	18. C	19. A	20. B	21. A	22. C	23. A	24. B
25. B	26. A	27. C	28. A	29. B	30. C	31. A	32. C
33. A	34. B	35. A	36. C	37. A	38. B	39. C	40. B
41. C	42. A	43. B	44. A	45. A	46. C	47. B	48. A
49. A	50. B						

（三）多项选择题

1. ABC 2. AB 3. ABCE 4. ABCDE
5. BCD 6. CDE 7. BCDE 8. ABCD
9. ABCDE 10. ABCE 11. ABC 12. ABCE
13. BCE

（四）简答题

1. 答：球面是一个成形面，它是由一条曲线绕一固定轴旋转而形成的表面。球面的几何特点是其表面上任一点到球心的距离是不变的，这个距离是球面半径 SR。一个平面与球面相截，所得的截形总是一个圆，截形圆的圆心 O_0 是球心 O 在截平面上的投影，而截形圆的直径 d_0 则和截平面离球心的距离 e 有关。因此，只要使铣刀旋转时刀尖运动轨迹与球面的截形圆重合，并与工件绕其自身轴线的旋转运动相配合，便能铣出球面。

2. 答：①铣刀的回转轴线必须通过工件球心，以使铣刀刀尖运动轨迹与球面某一截形圆重合；②铣刀刀尖的回转直径 d_0 以及截形圆所在的平面与球心的距离 e 确定球面的尺寸和形状精度；③铣刀回转轴线与球面工件轴线的交角 β 确定球面的铣削加工位置。轴交角 β 与工件轴线倾斜角（或铣刀轴线倾斜角）α 之间的关系为 $\alpha+\beta=90°$。

3. 答：因为目测检验"纹路"的方法是以球面的铣削加工原理为基础的。球面的铣削加工原理表明，球面是由无数个偏距 e 和直径 d_0 相等的截形圆包络而成的。

铣削加工时,切削"纹路"是由刀盘刀尖旋转和工件绕其自身轴线旋转进给铣削而成的,如果"纹路"呈交叉状,说明铣削位置准确,符合球面的铣削加工原理,故可表明球面形状是正确的。

4. 答:内球面底部出现"凸尖"的原因是铣刀刀尖运动轨迹未通过工件端面中心,具体原因如下:①与工件端面成 90° 角的两中心线划线不准确,造成工件端面中心位置不准确;②用立铣刀刀尖对工件中心时偏差过大;③试铣时工作台垂向调整方向错误;④立铣头轴线与工作台台面交角不正确。消除内球面底部凸尖的方法是:先判断凸尖是由立铣刀端齿铣成还是周齿铣成。若由端齿铣成,应略垂向升高工作台;若由周齿铣成,则应略垂向下降工作台,直至凸尖恰好铣去。

5. 答:铣削时球面半径不符合要求的原因是铣刀刀尖回转直径 d_0 调整不当,具体原因如下:①铣削外球面时,用游标卡尺测量试铣后的切痕圆直径偏差较大;②铣刀刀尖铣削过程中磨损严重或崩尖;③铣刀盘上切刀在铣削过程中发生位移;④铣削内球面时立铣刀外径与理论计算选定值偏差较大;⑤立铣刀安装精度低,铣刀刀尖实际回转直径与 d_0 偏差较大。

6. 答:①模具型腔的加工图比一般零件加工图复杂,因此铣削时须具备较强的识图能力,善于确定型腔几何形状和进行形体分解;②模具型腔铣削限制条件多,须合理选择铣削方法,确定铣削步骤;③需掌握改制和修磨专用铣刀的有关知识和基本技能;④选择铣削用量比较困难,铣削时须及时调整铣削用量;⑤选用的铣床要求操作方便、结构完善和性能可靠;⑥操作者须掌握较熟练的铣曲边直线成形面手动进给铣削技能。

7. 答:球头立铣刀通常用键槽铣刀改制修磨而成,由于球头立铣刀的切削刃一直延伸到铣刀端面轴心位置,因此不仅需修磨刃带和后面,还须修磨前面,以使铣刀端面轴心处具有切削能力。球头立铣刀的后面应沿切削刃修磨成曲面形状,曲面的顶部可磨成小平面,防止啃切。球头修磨的形状精度,可用样板和试切法检验,试铣的槽形可用滚珠和圆棒检验,同时还可以检验刀具两刃的对称性,根据槽表面质量,还可以检验前角和后角修磨情况。

8. 答:①平面仿形铣削时,应选用圆柱仿形销和圆锥仿形销,圆柱仿形销的外径应与铣刀相同,并且应小于模板凹圆弧的最小半径。圆锥形仿形销的锥度为 1:20 与 1:50,其中部直径相当于公称尺寸,实际操作时,仿形销的直径应考虑精铣余量和仿形销偏移修正量;②立体仿形铣削时,仿形销头部的形状应与模型的形状相适应,仿形销的斜角应小于模型的最小斜角,其头部的圆角半径应小于模型工作面的最小圆角半径,仿形销的球面半径在粗铣时比铣刀大 2~4mm,精铣时比铣刀大 0.6~1.2mm,具体数值须通过试铣确定。

9. 答:数控加工路线是指数控机床加工过程中,刀具相对工件(如模具型面)的运动轨迹和方向。铣削平面外轮廓型面时,刀具应沿工件外轮廓曲线延长线的切向切入和切出，以避免刀具在切入切出点残留切痕。铣削平面封闭内轮廓时，因内轮廓曲线无法外延，刀具只能沿轮廓曲线的法向圆弧轨迹切入和切出，但切入点和切出点应尽量选在内轮廓曲线两几何元素的交点。

10. 答：仿形仪是仿形铣削中的关键装置，仿形仪的灵敏度对铣削会带来一定影响，通常，粗铣时仿形仪灵敏度应调低些，以使铣削平稳，精铣时仿形仪灵敏度应调高些，有利于提高仿形精度。在机床停止工作时，应将仿形销退离模型，避免仿形仪长期受压。在操作过程中，应注意避免碰撞仿形仪，以维护仿形仪的精度。

（五）计算题

1. 解：$\sin\alpha_1 = \dfrac{D}{2SR} = \dfrac{40}{2\times 45} \approx 0.4444$

$$\alpha_1 = 26.387° = 26°23'$$

$$\sin\alpha_2 = \dfrac{D}{2SR} = \dfrac{35}{2\times 45} \approx 0.3889$$

$$\alpha_2 = 22.885° = 22°53'$$

$$\alpha = \dfrac{\alpha_1 - \alpha_2}{2} = \dfrac{26.387° - 22.885°}{2} = 1.751° = 1°45'$$

$$d_c = 2SR\sin(\alpha_1 - \alpha) = 2\times 45\text{mm}\times\sin(26.387° - 1.751°) = 37.52\text{mm}$$

答：倾斜角 $\alpha=1°45'$，刀盘刀尖回转直径 $d_c=37.52$mm。

2. 解：$d_{cm} = 2\sqrt{SR^2 - \dfrac{SRH}{2}} = 2\times\sqrt{20^2 - \dfrac{20\times 15}{2}}\text{mm} = 31.62\text{mm}$

$$d_{ci} = \sqrt{2SRH} = \sqrt{2\times 20\times 15}\text{mm} = 24.49\text{mm}$$

现选择 $d_0=30$mm 的标准立铣刀。

答：立铣刀直径 $d_0=30$mm。

3. 解：因为 $d_{ci} = \sqrt{2SRH}$

所以 $H = \dfrac{d_{ci}^2}{2SR} = \dfrac{24.5^2}{2\times 25}\text{mm} = 12\text{mm}$

$$d_{cm} = 2\sqrt{SR^2 - \dfrac{SRH}{2}} = 2\times\sqrt{25^2 - \dfrac{25\times 12}{2}}\text{mm} = 43.59\text{mm}$$

答：内球面深度 $H=12$mm，可选立铣刀最大直径 $d_{cm}=43.59$mm。

4. 解：$\sin\alpha_1 = \dfrac{P_{h1}}{P'_h} = \dfrac{75.9}{80} = 0.94875$

$$\alpha_1 = 71°35'$$

$$\sin\alpha_2 = \dfrac{P_{h2}}{P'_h} = \dfrac{72.19}{80} = 0.9024$$

$$\alpha_2 = 64°28'$$

$$\beta_1 = 90° - \alpha_1 = 90° - 71°35' = 18°25'$$

$$\beta_2 = 90° - \alpha_2 = 90° - 64°28' = 25°32'$$

答：分度头倾斜角 $\alpha_1 = 71°35'$，$\alpha_2 = 64°28'$；立铣头扳转角 $\beta_1 = 18°25'$，$\beta_2 = 25°32'$。

5. 解：因为 $\beta_1 < \beta_2$，$\beta = 90° - \alpha$，所以 $\alpha_1 > \alpha_2$，

$$\alpha_2 = 90° - \beta_2 = 90° - 25°32' = 64°28'$$

$$H_2 = \dfrac{P_{h2}\theta_2}{360°} = \dfrac{72.19 \times 90°}{360°}\text{mm} \approx 18.05\text{mm}$$

$$L = B + H\cot\alpha + 10 = 30\text{mm} + 18.05\text{mm} \times \cot 64°28' + 10\text{mm} = 48.62\text{mm}$$

答：立铣刀切削部分长度 $L \geqslant 48.62$mm。

6. 解：$\cot\gamma_{cp} = \dfrac{P_h}{\pi(D-T)} = \dfrac{100}{\pi \times (100-12)} = 0.3617$

$$\gamma_{cp} = 70°7'$$

$$e_x = (R - r_0)\cos\gamma_{cp} = \left(\dfrac{16}{2}\text{mm} - \dfrac{12}{2}\text{mm}\right) \times \cos 70°7' = 0.68\text{mm}$$

$$e_y = (R - r_0)\sin\gamma_{cp} = \left(\dfrac{16}{2}\text{mm} - \dfrac{12}{2}\text{mm}\right) \times \sin 70°7' = 1.88\text{mm}$$

答：铣刀偏移距离 $e_x = 0.68$mm，$e_y = 1.88$mm。

理论模块6　刀具齿槽加工

一、考核范围

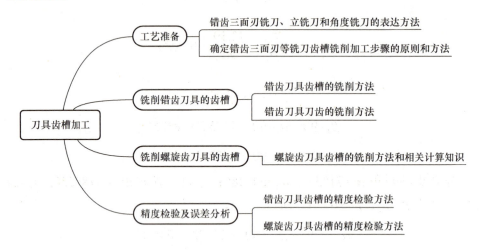

二、考核要点详解

知识点（螺旋齿槽）示例1（表2-11）：

表2-11　螺旋齿槽加工知识点

概念	刀具圆柱面或圆锥面上的齿槽按多线螺旋均等分布的称为螺旋齿槽
特点	除了一般螺旋槽的特点外，还与刀具的各种参数相关，如齿槽由刀齿前面、槽底圆弧和齿背后面构成，齿数确定螺旋齿槽的均等分布等
加工难点	铣削齿槽过程中会出现干涉、根切等现象，影响刀具的前角和槽形等
措施	合理选择刀具的廓形、切向、结构尺寸；合理调整工作台转角和偏移量等

知识点（错齿铣刀）示例2（表2-12）：

表2-12　错齿铣刀加工知识点

概念	刀具圆周齿槽是螺旋形的，并具有两个旋向，间隔交错
特点	一半齿槽是左旋，另一半齿槽是右旋，由折线齿背与容纳切屑的齿槽空间形成具有一定角度的主切削刃、前面和后面的刀齿
加工难点	左右螺旋齿槽间隔交错，等分均布，加工过程中应注重齿间的对中方法
计算	除螺旋槽的常规计算外，用同一把单角铣刀加工齿背时，注意工件回转角度与单角铣刀廓形角、刀具周齿齿背角、刀具周齿法向前角之和等于90°

三、练习题

（一）判断题（对的画√，错的画 ×）

1. 交错齿三面刃铣刀的两端端面齿是交错排列的。　　　　　　　　　　　　　　（　　）

2. 铣削交错齿三面刃铣刀的步骤应是先铣削端面齿后铣削圆周齿，先铣削前面后铣削后面，最后控制棱边宽度。　　　　　　　　　　　　　　　　　　　　　　　（　　）

3. 铣削交错齿三面刃铣刀圆周螺旋槽时，定位轴应设置台阶定位面，以克服切削分力产生的扭转力矩。（　　）

4. 铣削交错齿三面刃铣刀螺旋齿槽时，若选用双角铣刀，其小角度锥面夹角应尽可能小。（　　）

5. 铣削交错齿三面刃铣刀螺旋齿槽时，应使螺旋齿槽靠向双角铣刀小角度锥面刃或单角铣刀端面刃。（　　）

6. 铣削交错齿三面刃铣刀螺旋齿槽时，若选用单角铣刀加工，工作台的实际转角应比螺旋角略大些。（　　）

7. 铣削交错齿三面刃铣刀螺旋齿槽时，考虑到干涉，可先按大于偏移量 s 的值调整工作台横向位置。（　　）

8. 铣削交错齿三面刃铣刀时，因齿分角为 360°/z，故分度时分度手柄应转过 40/z（r）。（　　）

9. 铣削交错齿三面刃铣刀螺旋齿槽时，在螺旋齿槽方向转换时，应保持原有的交换齿轮不动，仅拆装惰轮。（　　）

10. 铣削交错齿三面刃铣刀另一方向第一个螺旋齿槽时，应横向移动工作台进行齿间对中操作。（　　）

11. 交错齿三面刃铣刀的端面齿应间隔保留，保留的应是负前角的端切削刃刀齿。（　　）

12. 铣削交错齿三面刃铣刀端面齿时，若棱边宽度不一致，应用分度手柄按圈孔作微量调整。（　　）

13. 交错齿三面刃铣刀螺旋齿槽槽形应在法向截面内测量。（　　）

14. 检验交错齿三面刃铣刀圆周齿的间距时，应通过测量同一齿两端齿尖与相邻齿的齿尖距离，并进行比较来获得实际误差值。（　　）

15. 造成刀具螺旋齿槽槽底圆弧过大的主要原因是铣刀刀尖圆弧选择不当，导致过切量增大。（　　）

16. 当万能卧式铣床工作台左右螺旋扳转角度相差较大时，会使交错齿三面刃铣刀相邻螺旋齿槽形状不一致。（　　）

17. 铣削刀具螺旋齿槽时，若交换齿轮配置误差大，会引起前角值偏差增大。（　　）

18. 铣削刀具螺旋齿槽时，铣成的螺旋齿槽法向截形与工作铣刀廓形是完全一致的。（　　）

19. 螺旋齿槽在圆锥面上时，由于工件直径 D 是个变量，若导程一定，螺旋角也是一个变量。（　　）

20. 等螺旋角锥度刀具可采用铣等速螺旋线的方法进行加工。（　　）

21. 锥度刀具大端与小端直径不相等，为了获得相等的前角，偏移量应绝对相等。（　　）

22. 铣削前角 γ=0° 的锥度铣刀齿槽，若刀具齿槽是螺旋槽，工作铣刀端面齿切削平面应偏离工件中心，偏距按锥度铣刀大端直径计算。（　　）

23. 凸轮移距法是使分度头做变速旋转运动，工作台也相应做变速进给运动，从而铣削出等螺旋角锥度刀具。（　　）

24. 采用非圆齿轮调速是使分度头做变速运动，即铣削小端时转速快，铣削大端时转速慢，而工作台做匀速进给运动的等螺旋角锥度刀具铣削方法。（　　）

25. 非圆齿轮啮合时，两节圆曲线半径之和应始终相等。（　　）

26. 采用非圆齿轮调速铣削等螺旋角圆锥铣刀时，非圆齿轮与工作台丝杠和分度头主轴之间均需配置交换齿轮。（　　）

27. 采用非圆齿轮调速铣削等螺旋角圆锥铣刀时，非圆齿轮在圆周上的工作转角 $β$ 决定了工作台丝杠的转动圈数。（　　）

（二）选择题（将正确答案的序号填入括号内）

1. 交错齿三面刃铣刀的同一端面上刀齿的前角（　　）。

　　A. 均是负值　　　B. 均是正值　　　C. 一半是正值另一半是负值

2. 铣削交错齿三面刃铣刀齿槽时，使用带平键的心轴装夹工件，轴上平键的作用主要是防止（　　）。

　　A. 工件沿轴向位移　　B. 工件扭转　　C. 心轴与分度头主轴错位

3. 铣削交错齿三面刃铣刀端面齿槽时，专用心轴通过螺杆与凹形垫圈紧固在分度头主轴上，嵌入分度头主轴后端的凹形垫圈作用是（　　）。

　　A. 防止螺杆头部妨碍扳转分度头

　　B. 增加心轴与分度头连接强度

　　C. 减少螺杆长度

4. 铣削交错齿三面刃铣刀外圆齿槽时，应将图样上铣刀（　　）代入公式计算导程和交换齿轮。

　　A. 公称直径　　　B. 实际外径　　　C. 刀齿槽底所在圆直径

5. 由于交错齿三面刃铣刀外圆齿槽有左、右螺旋之分，变换螺旋方向时，应（　　）以保证螺旋槽加工。

　　A. 重新计算配置交换齿轮

　　B. 增减惰轮和扳转工作台方向

　　C. 使分度头主轴转过 2 倍螺旋角

6. 铣削交错齿三面刃铣刀齿槽时，应根据廓形角选择铣刀结构尺寸，同时还须根据螺旋角选择（　　）。

　　A. 铣刀切削方向　　B. 铣刀几何角度　　C. 铣刀材料

7. 铣削交错齿三面刃铣刀螺旋齿槽时，工作铣刀的刀尖圆弧应（　　）工件槽底圆弧半径，当螺旋角越大时，刀尖圆弧应取（　　）值。

A. 小于，较小　　B. 等于，较小　　C. 大于，较大

8. 选用单角铣刀铣削交错齿三面刃铣刀螺旋齿槽时，工作台扳转角度应比螺旋角 β 值大（　　）。

　　A. 5°~10°　　B. 1°~4°　　C. 10°~15°

9. 铣削交错齿三面刃铣刀螺旋齿槽时，为了使左右旋齿槽均匀分布，螺旋方向转换后须做对中操作，对刀时应先使（　　），然后逐步调整，直至准确。

　　A. 前面一侧略小一些　　　　B. 前面一侧略大一些
　　C. 与前面和后面距离相等

10. 铣削交错齿三面刃铣刀螺旋齿槽时，由于干涉，铣成的前面与端面的交线一般是（　　）。

　　A. 凸圆弧曲线　　B. 直线　　C. 凹圆弧曲线

11. 铣削交错齿三面刃铣刀端面齿槽时，因周齿前面与端面交线是凹圆弧曲线，找正和对刀时需（　　）。

　　A. 调整工作台横向偏移量
　　B. 调整分度手柄和工作台横向偏移量
　　C. 调整分度头主轴倾斜角

12. 铣削交错齿三面刃铣刀端面齿槽时，若前面连接较平滑，而棱边出现内外宽度不一致时，应微量调整（　　）。

　　A. 工作台横向偏移量　　B. 分度头主轴倾斜角　　C. 分度手柄

13. 铣削交错齿三面刃铣刀螺旋齿槽时，发现齿槽前刀面凹圆弧明显，应检查（　　）等进行分析。

　　A. 导程、工作台转角与铣刀切向
　　B. 交换齿轮惰轮个数、工件上素线位置和工件坯料精度
　　C. 分度头精度、工作台横向偏移量和铣刀廓形角

14. 铣削交错齿三面刃铣刀螺旋齿槽时，发现前角值偏差较大，应检查（　　）等进行分析。

　　A. 分齿精度和铣刀廓形角
　　B. 工作台横向偏移量和交换齿轮
　　C. 工件上素线位置和铣刀刀尖圆弧

15. 为使锥度刀具圆锥面上的螺旋角相等，则（　　）。

　　A. 工件直径必须随导程变化
　　B. 导程应随工件直径变化
　　C. 进给速度必须随工件直径变化

16. 铣削前角 $\gamma_0 > 0°$ 的直齿锥度刀具齿槽，应使分度头主轴轴线与（　　）。

A. 工作台台面和纵向平行
B. 工作台台面平行与纵向倾斜 λ 角
C. 工作台台面和纵向分别倾斜 ω、λ 角

17. 计算前角 $\gamma_0 > 0°$ 的螺旋齿锥度刀具齿槽偏移量 s 值时，由于受螺旋角影响，应以（　　）代入公式计算。

A. 工件实际直径　　B. 图样上标注直径 D　　C. $D/(2\cos^2\beta)$

18. 铣削等螺旋角锥度铣刀螺旋齿槽时，若需分度头做变速运动，工作台做匀速运动，应采用（　　）。

A. 非圆齿轮调速铣削法　　B. 凸轮铣削法　　C. 坐标铣削法

19. 用非圆齿轮调速铣削法加工等螺旋角锥度刀具，被加工的圆锥刀具大端与小端直径的比值必须（　　）非圆齿轮的最大瞬时传动比与最小瞬时传动比的比值。

A. 大于　　B. 等于　　C. 小于或等于

20. 用凸轮移距法铣削加工等螺旋角锥度刀具，若增大分度头侧轴与凸轮传动轴之间的交换齿轮传动比，可使凸轮的曲线升角（　　）。

A. 相应减小　　B. 保持不变　　C. 相应增大

21. 用于凸轮移距铣削法专用夹具的圆柱凸轮，其螺旋槽可占有（　　）角度。

A. 360°以内　　B. 360°以上　　C. 200°以内

（三）简答题

1. 铣削交错齿三面刃铣刀端面齿的专用心轴应具备哪些基本要求？
2. 铣削交错齿三面刃铣刀时，配置交换齿轮应注意哪些问题？
3. 铣削交错齿三面刃铣刀时应怎样选择工作铣刀？
4. 怎样达到交错齿三面刃铣刀左、右旋齿槽相间均匀分布？
5. 为什么不能用普通的交换齿轮法铣削等螺旋角锥度刀具？非圆齿轮调速传动加工等螺旋角圆锥刀具的基本原理是什么？

（四）计算题

1. 选用 F11125 型分度头装夹工件，在 X6132 型铣床上铣削交错齿三面刃铣刀螺旋齿槽，已知工件外径 $d_0=100$mm，刃倾角 $\lambda_s=15°$。试求导程 P_h、速比 i 和交换齿轮。

2. 用同一把单角铣刀铣削刀具齿槽和齿背，已知被加工刀具周齿齿背角 $\alpha_1=24°$，周齿法向前角 $\gamma_0=15°$，单角铣刀廓形角 $\theta=45°$。试求铣完齿槽后铣齿背时工件需回转的角度 φ 和分度手柄转数 n。

3. 用非圆齿轮传动铣削等螺旋角锥度刀具齿槽，已知刀具小端直径 $d=30$mm，锥度 $c=1:10$，齿数 $z=10$，螺旋角 $\beta=30°$，锥刃部分长度 $l=60$mm，齿槽角 $\theta=75°$，非圆齿轮的工作转角 300°，试选择非圆齿轮，并求第一套交换齿轮齿数和第二套交换齿轮齿数。

四、参考答案及解析

（一）判断题

1. √	2. ×	3. ×	4. √	5. √	6. √	7. ×	8. ×
9. √	10. ×	11. ×	12. √	13. √	14. √	15. √	16. √
17. √	18. ×	19. √	20. ×	21. ×	22. ×	23. ×	24. √
25. √	26. √	27. ×					

（二）选择题

1. C	2. B	3. A	4. A	5. B	6. A	7. A	8. B
9. B	10. C	11. B	12. B	13. A	14. B	15. B	16. C
17. C	18. A	19. C	20. A	21. B			

（三）简答题

1. 答：①心轴锥体部应经过磨削，与分度头主轴内锥有较好的配合；②心轴设置环形定位板，其内孔与心轴定位外圆配合，其端面应与心轴台阶接触，定位板两平面应具有较好的平行度；③用以夹紧工件的螺母采用自锁性能较好的细齿螺纹；④心轴通过螺杆与凹形垫圈与分度头主轴连接，分度头主轴后端垫圈应嵌入主轴后端孔内，锁紧螺钉头部宜采用内六角。

2. 答：①应尽量减少惰轮的数量，以简化轮系；②各传动部位要加注适量润滑油，以减小传动阻力；③在变换左、右螺旋方向时，是通过增减惰轮和相应扳转工作台方向来保证螺旋槽加工的，因此，配置和转换配置后应检查导程值，以保证螺旋角达到图样要求。

3. 答：选择工作铣刀结构尺寸时，工作铣刀的廓形角可近似等于工件槽形角。若选用双角铣刀，其小角度面夹角应尽可能小，一般取 $\delta=15°$。工作铣刀的刀尖圆弧半径取 $r_s=(0.5\sim0.9)r$，当螺旋角 β 越大时，r_s 应取较小值。为了减少干涉，工作铣刀的外径应尽可能小一些。选择工作铣刀切向时，应根据螺旋方向确定，一般应使螺旋齿槽的旋转方向靠向双角铣刀的小角度锥面切削刃和单角铣刀的端面刃。对交错齿三面刃铣刀圆周齿槽，左右螺旋槽可分别选用左切和右切工作铣刀。

4. 答：为了使左、右旋齿槽相间均匀分布，在左、右旋转换后，第一齿槽应做齿间对中的调整操作。调整操作时，对刀位置宜选在工件宽度中间，转动分度手柄，先使前面一侧略大一些，然后根据试铣后较浅的螺旋齿槽在两端测量对中偏差，测量方法可绘示意图说明（参考配套教材）。根据偏差值，通过分度头分度手柄转动工件做周向微量调整，直至对中准确。调整时须注意齿槽深度应逐步到位，否则会因齿槽深度未到，干涉量较小而影响齿间对中精度。

5. 答：用普通交换齿轮法铣削螺旋齿槽，当工件做等速圆周运动时，工作台相应地做等速直线运动，加工出来的是各段导程相等的等速螺旋齿槽，当导程相等而直径不等时，各处的螺旋角是不相等的，因此用普通交换齿轮法铣削圆锥刀具螺旋齿槽，各处的螺旋角是不等的。采用非圆齿轮调速传动，若铣刀由工件小端铣入，此时，主动轮节圆曲线半径由大变小，从动轮由小变大，故分度头转速由快变慢，随着工件直径增大，导程也逐步增大，从而铣出锥度刀具等螺旋角的螺旋齿槽。

（四）计算题

1. 解：交错齿三面刃铣刀圆周齿的刃倾角 λ_s 值即为螺旋角 β 值，故：

$P_h = \pi d \cot\beta = \pi \times 100\text{mm} \times \cot 15° = \pi \times 100\text{mm} \times 3.732 = 1172.4424\text{mm}$

$$i = \frac{40 P_{丝}}{P_h} = \frac{40 \times 6}{1172.4424} \approx 0.2047$$

$$若取\ i = \frac{z_1 z_3}{z_2 z_4} \approx \frac{55 \times 30}{80 \times 100} = 0.20625$$

$$\Delta i = 0.20625 - 0.2047 = 0.00155$$

答：导程 $P_h=1172.4424\text{mm}$，交换齿轮速比 $i=0.2047$，选用交换齿轮主动轮 $z_1=55$，$z_3=30$，从动轮 $z_2=80$，$z_4=100$。

2. 解：

$$\varphi = 90° - \theta - \alpha_1 - \gamma_0$$
$$= 90° - 45° - 24° - 15° = 6°$$
$$n = \frac{\varphi}{9°} = \frac{6°}{9°} = \frac{44}{66}\text{r}$$

答：用同一把单角铣刀兼铣齿背后角时的分度头主轴（工件）回转角 $\varphi=6°$，分度手柄转数 $n=\dfrac{44}{66}\text{r}$。

3. 解：（1） $D = d + l_c = 30\text{mm} + 60\text{mm} \times 0.1 = 36\text{mm}$ $\dfrac{D}{d} = \dfrac{36}{30}\text{mm} = 1.2\text{mm} < \dfrac{1.25}{\frac{1}{1.25}}\text{mm}$，即 1.2mm<1.5625mm，选用 $i_{非\max}=1.25$，$i_{非\min}=1/1.25$ 的非圆齿轮。

（2） $n' = \dfrac{300°}{360°} = \dfrac{5}{6}\text{r}$，$n = \dfrac{l}{P_{丝}} = \dfrac{60}{6}\text{r}$，

$i_1 = \dfrac{z_1 z_3}{z_2 z_4} = \dfrac{n'}{n} = \dfrac{5}{60}$（第一套交换齿轮），

选 $i_1 = \dfrac{z_1 z_3}{z_2 z_4} = \dfrac{25 \times 30}{90 \times 100}$。

（3）因为 $i_{总} = \dfrac{P_{丝}}{\pi d \cot\beta} = \dfrac{z_1 z_3 i_{非\max} z_5}{z_2 z_4 z_6} = \dfrac{6}{3.1416 \times 30 \times \cot 30°} = \dfrac{25 \times 30 \times 1.25 \times z_5}{90 \times 100 \times z_6}$

所以 $i_2 = \dfrac{z_5}{z_6} = \dfrac{6}{3.1416 \times 30 \times \cot 30°} \times \dfrac{90 \times 100}{25 \times 30 \times 1.25} = 0.35285$

选 $\dfrac{z_5}{z_6} = \dfrac{35}{100}$（第二套交换齿轮）。

答：选用 $i_{非\max}=1.25$，$i_{非\min}=1/1.25$ 的非圆齿轮；第一套交换齿轮 $z_1=25$，$z_2=90$，$z_3=30$，$z_4=100$；第二套交换齿轮 $z_5=35$，$z_6=100$。

理论模块 7　设备维护与保养

一、考核范围

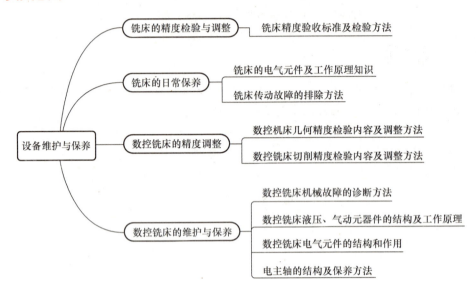

二、考核要点详解

知识点（铣床几何精度检验）示例 1（表 2-13）：

表 2-13　铣床几何精度检验知识点

概念	几何精度检验包括位置精度和运动精度检验
主要项目	铣床主轴几何精度检验主要项目包括主轴轴向窜动、主轴旋转轴线对工作台面的垂直度等；铣床工作台及位置精度检验主要项目包括工作台的平面度、工作台纵向移动对工作台台面的平行度等
规范	包括检验项目名称、公差、检验方法及检验方法简图以及精度检测的工、量具等
用途	新机床的验收、大修后的机床验收

知识点（数控铣床切削精度）示例 2（表 2-14）：

表 2-14　数控铣床切削精度知识点

概念	数控铣床的切削精度又称动态精度，是一项综合精度，该项目不仅反映了机床的几何精度和定位精度，同时还包括了试件的材料、环境温度、数控机床刀具性能，以及切削条件等各种因素造成的综合误差和计量误差
检验方法	切削精度检验可分单项加工精度检验和加工一个标准的综合性试件的精度检验两种检验方法
检验规范	被切削加工件的材料除特殊要求外，一般都采用一级铸铁，使用硬质合金刀具，按标准选用切削用量进行切削。数控铣床的主要单项加工精度与机床精度具有对应关系，切削精度检验标准包括检验内容、检测方法和允许误差等内容

三、练习题

（一）判断题（对的画√，错的画 ×）

1. 铣床验收是指铣床及附件验收，不包括铣床精度检验。（　）
2. 新铣床验收时，必须由操作工人负责铣床的安装。（　）
3. 操作工人应负责在新铣床验收前，按铣床润滑图等文件对铣床各部位（包括主轴箱、进给箱等）做好注油工作。（　）
4. 新铣床验收中发现有几何精度误差，操作工人应负责进行修复。（　）
5. 验收铣床精度用的测量用具是指按标准准备的测量用具，以及指示表、塞尺等检测量具。（　）
6. 铣床精度验收标准对铣床几何精度的公差有明确规定，而检验方法必须由操作工人自行确定。（　）
7. 大修后的铣床，应对调换的零件和修复部位的工作状况及几何精度进行重点验收。（　）
8. 大修后的铣床需要有一段磨合期，因此不宜在验收时为了操作轻便，把配合间隙调整得过大。（　）
9. 铣床主轴精度检验包括其运动精度及其有关部位的位置精度。（　）
10. 为了提高铣床主轴锥孔轴线径向圆跳动的测量精度，应将检验棒按同一个方位插入主轴进行重复检验。（　）
11. X6132型铣床主轴和主轴轴承磨损量过大，会使主轴锥孔径向圆跳动超差，而对主轴轴向窜动没有多大影响。（　）
12. 卧式铣床主轴旋转轴线对工作台中央基准T形槽的垂直度超差，会使盘形铣刀铣出的沟槽的槽形产生较大误差。（　）
13. 影响刀杆支架安装精度，致使刀杆变形，从而影响铣刀安装精度的主要原因是悬梁导轨对主轴旋转轴线的平行度超差。（　）
14. 工作台纵向和横向移动对工作台台面的平行度超差，主要原因是工作台台面磨损。（　）
15. 夹具用工作台中央T形槽定位，其定位精度主要是由中央T形槽对工作台纵向移动的平行度保证的。（　）
16. 铣床水平长期失准对铣床的运动精度没有直接影响。（　）
17. 在万能卧式铣床上用先对刀后转动工作台的方法加工螺旋槽工件，影响槽的位置精度的主要因素是工作台回转中心对主轴旋转中心及工作台中央T形槽偏差过大。（　）
18. 调整X6132型铣床主轴轴承间隙时，应先松开紧固螺钉，用扳手钩住调节螺母，然后将主轴顺时针旋转至转不动后，再使主轴反转一个角度，以获取所需间隙。（　）

19. 调整 X5032 型铣床主轴径向间隙，是通过修磨主轴前端的整圆垫圈实现的。（　）

20. 铣床调试时，低速空运转的时间是 3min。（　）

21. 在检查铣床进给运行状况时，先进行润滑，然后通过快速进给运行观察铣床工作台进给动作。（　）

22. 液（气）压马达是把机械能转变为液压能的一种能量转换装置。（　）

23. 液压与气压传动的共同缺点是传动效率低。（　）

24. 空气压缩机是将电动机输出的机械能转变为气体的压力能的能量转换装置。（　）

25. 刀开关是一种自动控制电器。（　）

26. 按钮是一种手动操作接通或断开控制电路的主令电器。（　）

27. 万能转换开关是一种单档式、控制多回路的主令电器。（　）

28. 接近式位置开关是一种接触式的位置开关。（　）

29. 熔断器在电路中主要起过载保护作用。（　）

30. 在使用热继电器做过载保护的同时，还必须使用熔断器做短路保护。（　）

（二）选择题（将正确答案的序号填入括号内）

1. 铣床操作者应（　）铣床的调整项目和维护保养方法。
   A. 了解　　　　B. 掌握　　　　C. 理解

2. 铣床验收包括机床及附件验收和（　）工作。
   A. 拆箱安装　　B. 清洁润滑　　C. 精度检验

3. 新铣床验收工作应按（　）进行。
   A. 使用单位要求　B. 机床说明书要求　C. 国家标准

4. 调整铣床水平时，工作台应处于行程的（　）位置。
   A. 适当　　　　B. 中间　　　　C. 极限

5. 铣床工作台的平面度调整要求是：纵向和横向的误差在 1000mm 长度上均不超过（　）mm。
   A. 0.005　　　B. 0.04　　　　C. 0.20

6. 铣床验收精度标准包括检验项目名称、检验方法、（　）及检验方法简图。
   A. 误差　　　　B. 偏差　　　　C. 公差

7. 准备用于铣床精度检验的测量用具应进行（　）。
   A. 清洁保养　　B. 精度预检　　C. 分类保管

8. 使用工、量具检验铣床精度时，应（　）。
   A. 按检验方法规定放置
   B. 沿工作台进给方向放置
   C. 沿主轴轴线方向放置

9. 大修后铣床验收时应重点验收（   ）。
   A. 主轴和进给变速部分
   B. 电气和机械部分
   C. 大修时调换的主要零件和修复部位

10. 大修后的铣床，由于调换的零件与原零件的磨损程度不一致，因此需要有一段（   ）。
    A. 磨损期   B. 调整期   C. 磨合期

11. 铣床主轴精度检验包括其（   ）和主轴轴线与其他部分的位置精度。
    A. 运动精度   B. 几何精度   C. 尺寸精度

12. 铣床主轴锥孔轴线的径向圆跳动和轴向窜动的共同原因主要是（   ）。
    A. 主轴损坏   B. 主轴轴承间隙大   C. 紧固件松动

13. 铣床主轴轴向窜动的公差是（   ）mm。
    A. 0.05   B. 0.03   C. 0.01

14. 卧式铣床工作台横向导轨镶条松，会影响（   ）。
    A. 主轴旋转轴线对工作台的平行度
    B. 主轴旋转轴线对工作台横向移动的平行度
    C. 主轴旋转轴线对工作台台面的垂直度

15. 铣床悬梁变形和悬梁导轨间隙过大，会使（   ），影响铣刀安装精度和使用寿命。
    A. 刀杆变形   B. 支持轴承变形   C. 刀杆支架变形

16. 铣床工作台纵向和横向移动的垂直度精度低，主要原因是导轨磨损、制造精度低、镶条太松，对于万能卧式铣床，还可能是（   ）。
    A. 回转盘接合面不清洁
    B. 回转盘零位不准
    C. 回转盘接合面精度低

17. 铣床升降台垂直移动直线度的公差是：300mm 测量长度上为（   ）mm。
    A. 0.010   B. 0.025   C. 0.080

18. 卧式万能铣床的工作精度检验项目中较特殊的项目是：（   ）。
    A. 工作台回转中心对主轴旋转中心及工作台中央 T 形槽的偏差
    B. 工作台的平面度
    C. 工作台纵向移动对工作台台面的平行度

19. 调整 X6132 型铣床主轴轴承间隙时，应松开调整螺母上的锁紧螺钉，然后（   ）。
    A. 转动调整螺母   B. 顺时针转动主轴
    C. 顺时针转动主轴至不动再反转一个角度

20. 调整 X5032 型立式铣床主轴轴承间隙时，需修磨主轴前端的两半圆垫圈。修磨时，若需消除 0.01mm 径向间隙，应将垫圈磨去（　　）mm。

  A. 0.01   B. 0.06   C. 0.12

21. X6132 型铣床工作台镶条间隙一般以（　　）mm 为宜。

  A. 0.10   B. 0.03   C. 0.01

22. 调试 X6132 型铣床时，接通总电源开关后应检查（　　）。

  A. 铣床主轴旋转和进给速度

  B. 铣床主轴旋转和进给起动与停止动作

  C. 铣床主轴旋转方向和进给方向

23. 调试 X6132 型铣床，开始时主轴空运转的转速应为（　　）r/min。

  A. 30   B. 375   C. 1180

24. 调试 X6132 型铣床时，主轴空运转时间一般为（　　）。

  A. 0.5h   B. 5h   C. 3h

25. 调试 X6132 型铣床时，主轴变速应按 18 级转速（　　）试运转。

  A. 挑选 4~5 级 B. 挑选 5% 的级数 C. 由低到高逐级

26. 调试 X6132 型铣床时，应检查铣床主轴的停止制动时间是否在（　　）s 范围之内。

  A. 0.1   B. 0.5   C.1

27. X6132 型铣床主轴以转速 1500r/min 空运转 1h 后，检查主轴轴承温度应不超过（　　）℃。

  A. 30   B. 70   C. 100

28. 液压系统中静止油液中的压力特征有（　　）。

  A. 任何一点所受的各个方向的压力都相等

  B. 油液压力作用的方向不总是垂直指向受压表面

  C. 密闭容器中油液的压力值处处不相等

  D. 压力的建立比较缓慢

29. 油液流经五分支管道时，大横截面通过的流量和小横截面通过的流量相比，（　　）。

  A. 前者比后者大   B. 前者比后者小

  C. 流量各有大小   D. 两者相等的

30. 故障维修的一般原则是（　　）。

  A. 先动后静   B. 先内部后外部

  C. 先电气后机械   D. 先一般后特殊

31. 加工中心进给系统的驱动方式主要有（　　）和液压伺服进给系统。

  A. 气压伺服进给系统   B. 电气伺服进给系统

  C. 气动伺服进给系统　　　　　D. 液压电气联合式

32. 油箱属于（　　）。
  A. 辅助装置　　　　B. 执行装置
  C. 能源装置　　　　D. 控制调节装置

33. 与液压传动相比，气压传动的优点是（　　）。
  A. 维护简单、使用安全　　　B. 传动效率高
  C. 无污染　　　　　　　　　D. 无泄漏

34. 目前 90% 以上的液压系统采用（　　）液压油。
  A. 合成型　　　B. 混合型　　　C. 石油型　　　D. 乳化型

35. 顺序阀控制油液的（　　）。
  A. 流向　　　　B. 流速　　　　C. 通断　　　　D. 压力

36. 安全阀就是（　　）。
  A. 减压阀　　　B. 节流阀　　　C. 溢流阀　　　D. 顺序阀

37. 继电器属于（　　）。
  A. 主令电器　　B. 控制电器　　C. 保护电器　　D. 执行电器

38. 电压表或电流表的换相测量控制由（　　）完成。
  A. 行程开关　　　　B. 万能转换开关
  C. 接近开关　　　　D. 控制按钮

39. 热继电器通常采用的双金属片材料是（　　）。
  A. 铝合金　　　　　B. 铜合金
  C. 钛合金　　　　　D. 铁镍合金或铁镍铬合金

40. 液压系统的故障有 80% 是由于（　　）引起的。
  A. 油液温升　　B. 油液污染　　C. 油液泄漏　　D. 管路气穴

41. 气动系统定期检修的主要内容是彻底处理系统的（　　）现象。
  A. 漏油　　　　B. 漏气　　　　C. 润滑不良　　D. 冷凝水

（三）多项选择题（将正确答案的序号填入空格内）

1. 液压传动的优点包括（　　）。
  A. 传动平稳　　　　B. 惯性小、反应快
  C. 能无级调速　　　D. 效率较高　　　E. 易实现自动化

2. 压力控制阀主要包括（　　）。
  A. 减压阀　　　　B. 顺序阀　　　　C. 节流阀
  D. 压力继电器　　E. 溢流阀

3. 主令电器包括（　　）。
  A. 熔断器　　　　B. 电磁铁　　　　C. 接触器
  D. 行程开关　　　E. 按钮

4. 刀开关可分为（　　）。
   A. 组合开关　　　　B. 熔断器式刀开关　　　C. 开启式负荷开关
   D. 封闭式负荷开关　E. 混合开关
5. 按钮的主要控制对象是（　　）。
   A. 继电器　　　　　B. 热继电器　　　　　　C. 接触器
   D. 离合器　　　　　E. 熔断器
6. 万能转换开关主要用于（　　）。
   A. 电流表的换相测量控制　　　B. 配电装置线路的遥控
   C. 配电装置线路的转换　　　　D. 电压表的换相测量控制
   E. 各种控制线路的转换
7. 接触器控制的对象主要有（　　）。
   A. 电容器组　　　B. 熔断器　　　C. 电动机
   D. 焊机　　　　　E. 电热设备
8. 行程开关的种类有（　　）。
   A. 触头非瞬时动作　　B. 无触点行程开关　　C. 半导体行程开关
   D. 触头瞬时动作　　　E. 微动开关
9. 气动系统日常维护的主要内容是对（　　）的管理。
   A. 系统润滑油　　B. 冷凝水　　C. 减压阀
   D. 气缸　　　　　E. 电磁阀

（四）简答题
1. 卧式铣床和立式铣床的主轴精度检验主要有哪些内容和项目？
2. 卧式铣床和立式铣床的工作台精度检验有哪些项目？
3. 试分析工作台回转中心对主轴旋转中心及工作台中央 T 形槽的偏差超差对加工的影响和超差的原因。
4. 试比较 X6132 型铣床与 X5032 型铣床主轴轴承的调整方法。

（五）计算题
1. 检验主轴旋转轴线对工作台横向移动的平行度时，若 a 处和 b 处测得的误差值 $a_1=0.035$mm，$a_2=0.015$mm，$b_1=0.04$mm，$b_2=0.01$mm。求铣床该项的精度误差值 Δa 与 Δb，并做出是否符合精度检验标准判断。
2. X5032 型铣床主轴前端具有锥度，调整主轴径向间隙时，若要消除 0.03mm 径向间隙，调整垫圈应磨去多少厚度？

四、参考答案及解析

（一）判断题

1. ×   2. ×   3. ×   4. ×   5. √   6. ×   7. √   8. √
9. √   10. ×   11. ×   12. √   13. √   14. ×   15. √   16. ×
17. √   18. √   19. ×   20. ×   21. ×   22. ×   23. √   24. √
25. ×   26. √   27. ×   28. ×   29. ×   30. √

（二）单项选择题

1. B   2. C   3. B   4. B   5. B   6. A   7. B   8. A
9. C   10. C   11. A   12. B   13. C   14. B   15. A   16. B
17. B   18. A   19. C   20. C   21. B   22. C   23. B   24. A
25. C   26. B   27. C   28. A   29. D   30. D   31. B   32. A
33. C   34. C   35. C   36. C   37. B   38. B   39. D   40. B
41. B

（三）多项选择题

1. ABCE   2. ABDE   3. DE   4. ABCD
5. AC   6. CDE   7. ACDE   8. ABCDE
9. ABCDE

（四）简答题

1. 答：铣床主轴精度检验包括其运动精度和位置精度，具体检验项目如下：①主轴锥孔轴线的径向圆跳动；②主轴的轴向窜动；③主轴轴肩支承面的轴向圆跳动；④主轴定心轴颈的径向圆跳动；⑤主轴旋转轴线对工作台横向移动的平行度；⑥主轴旋转轴线对工作台中央基准T形槽的垂直度；⑦悬梁导轨对主轴旋转轴线的平行度；⑧主轴旋转轴线对工作台台面的平行度；⑨刀杆支架孔轴线对主轴旋转轴线的重合度；⑩主轴套筒移动对工作台台面的垂直度；⑪主轴旋转轴线对工作台台面的垂直度。

2. 答：①工作台台面的平面度；②工作台纵向移动对工作台台面的平行度；③工作台横向移动对工作台台面的平行度；④工作台中央T形槽侧面对工作台纵向移动的平行度；⑤升降台垂直移动的直线度；⑥工作台纵向和横向移动的垂直度；⑦工作台回转中心对主轴旋转中心及工作台中央T形槽的偏差。

3. 答：对加工的影响：①先对刀后扳转角度铣削，影响对刀精度；②加工螺旋槽类工件影响槽的位置精度。本检验项目的超差原因：①机床工作台回转部分制造精度低；②T形槽磨损和制造精度低；③纵向导轨磨损。

4. 答：①X6132型铣床通过调整螺母直接调整中、前端轴承间隙；X5032型铣床通过修磨垫圈的厚度来调整主轴轴承间隙；②X6132型铣床调整时可同时达到径向圆跳动和轴向窜动量要求；X5032型铣床是分别进行调整的；③X6132型铣床主轴轴承的调整操作比较方便；X5032型铣床拆卸操作比较麻烦，需修磨垫圈，调整轴向窜动量时还需拆下主轴。

（五）计算题

1. 解：a 点误差和 b 点误差应分别计算：

$\Delta a = a_1 - a_2 = 0.035\text{mm} - 0.015\text{mm} = 0.02\text{mm}$

$\Delta b = b_1 - b_2 = 0.04\text{mm} - 0.01\text{mm} = 0.03\text{mm}$

答：检验主轴旋转轴线对工作台横向移动的平行度时，a 点为垂直测量位置，在 300mm 长度上公差为 0.025mm；b 点为水平测量位置，在 300mm 长度上公差为 0.025mm。因为 $\Delta a = 0.02\text{mm} < 0.025\text{mm}$，$\Delta b = 0.03\text{mm} > 0.025\text{mm}$，故该项经检验不符合铣床精度检验标准。

2. 解：因 X5032 型铣床主轴前端锥度为 1∶12，故调整垫圈的厚度须磨去量 Δb 应按比例计算：

$0.03 : \Delta b = 1 : 12$

$\Delta b = 0.03 \times 12\text{mm} = 0.36\text{mm}$

答：X5032 型铣床主轴径向间隙是单独由两半圆垫圈进行调整的，因此，若要消除 0.03mm 径向间隙，调整垫圈应磨去 0.36mm。

第3部分 操作技能考核指导

实训模块 1　平面和连接面加工

实训项目 1　复合斜槽和燕尾铣削

● **考核目标**

复合斜槽铣削属于连接面难加工项目。项目考核要求见实训模块 1 项目表（表 3-1）。

表 3-1　实训模块 1 项目表

序号	实训项目内容	技能要求
1	复合斜槽和燕尾铣削	1. 工艺准备：能对易变形工件进行装夹；能进行复合斜面的角度计算；能使用游标万能角度尺、百分表找正工件；能调整结构复杂的专用夹具、组合夹具
2	复合斜面铣削	2. 铣削薄形工件：能铣削宽厚比 $B/H \geqslant 10$ 的薄形工件，并达到尺寸公差等级为 IT7，平面度、垂直度、平行度 7 级，表面粗糙度值为 $Ra1.6\mu m$ 的要求 3. 铣削斜面：能铣削复合斜面，并达到尺寸公差等级为 IT8，表面粗糙度值为 $Ra1.6\mu m$ 的要求。能铣削复合斜槽，并达到以下要求：尺寸公差等级为 IT8，表面粗糙度值为 $Ra1.6\mu m$
3	薄形工件铣削	4. 数控平面加工：能编制阶梯面、垂直面的数控加工程序，进行铣削并达到尺寸公差等级为 IT7，几何公差等级为 7 级，表面粗糙度值为 $Ra1.6\mu m$ 的要求。能编制多边型面、斜面的数控加工程序，进行铣削并达到以下要求：尺寸公差等级为 IT7，几何公差等级为 7 级，表面粗糙度值为 $Ra1.6\mu m$
4	薄形工件数控铣削	5. 精度检验及误差分析：能检验薄形工件的平面度和平行度精度；能检验复合斜面、复合斜槽尺寸精度和几何精度；能分析复合斜面、复合斜槽加工产生几何误差的原因

● **考核重点**

斜槽加工工艺过程、工件装夹找正、铣削位置的调整与铣削操作方法。

● **考核难点**

斜槽的角度和位置精度要求，以及找正、控制方法。

● 试题样例

1. 考件图样（图3-1）
2. 考核要求

（1）考核内容

1）凸燕尾角度和尺寸、复合斜面槽1:12斜度、尺寸及对称中心对燕尾侧面的偏移精度符合图样要求作为主要项目，其他尺寸和表面粗糙度符合要求作为一般项目。

2）考生自行拟订加工方法和检测方法。

（2）工时定额 8h。

3. 考核评分表

关注"大国技能"微信公众号，回复"高级3.1.1"查看本项目考核评分表。

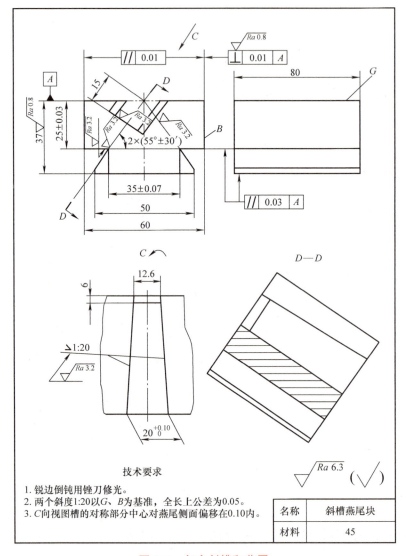

图3-1 复合斜槽和燕尾

实训项目 2　复合斜面铣削

● **考核目标**

复合斜面铣削属于连接面难加工项目。项目考核要求见实训模块 1 项目表（表 3-1）。

● **考核重点**

复合斜面的角度计算和确定，铣削位置的调整与铣削操作、精度检验方法。

● **考核难点**

工件装夹找正、铣削位置调整和加工部位的精度要求。

● **试题样例**

1. 考件图样（图 3-2）

2. 考核要求

（1）考核内容

1）基准面 M、前面 A、后面 B 和副后面 C 及切削刃、交线的角度分析和加工位置计算确定；主要表面粗糙度、角度等符合图样要求作为主要项目（占总分 70%）。

2）其余精度要求较低的各项尺寸等符合要求作为一般项目（占总分 23%）。

（2）考核工时定额　6h（采用超时累计时段扣分方法，超时 1h 不评分）。

（3）可预先准备相关机床附件、刀具和工、量具。

（4）安全文明生产　达到国家和企业标准与规定，工作场地整洁，工、量、卡具摆放整齐合理（占总分 7%）。

（5）考件有严重缺陷不予评分。

3. 考核评分表

关注"大国技能"微信公众号，回复"高级 3.1.1"查看相关考核评分表。

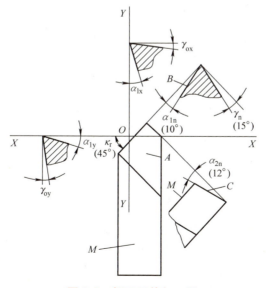

图 3-2　切刀刀体加工图

实训项目3　薄形工件铣削

● **考核目标**

薄形工件的平面和连接面铣削属于难加工项目。项目考核要求见实训模块1项目表（表3-1）。

● **考核重点**

工艺过程和参数的确定，铣削位置的调整与铣削操作方法。

● **考核难点**

防止工件加工变形的措施、加工部位的精度要求。

● **试题样例**

1. 考件图样（图3-3）

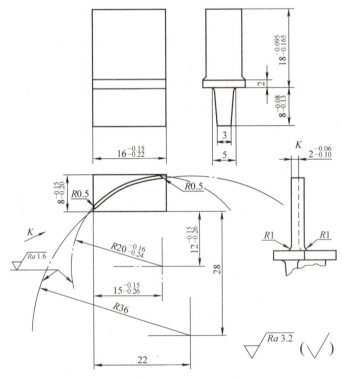

图3-3　铝合金叶片加工工序图

2. 考核要求

（1）考核内容

1）叶身、叶身根部周边、叶根部分各主要尺寸、表面粗糙度等符合图样要求作为主要项目（占总分65%）。

2）其余精度要求较低的各项尺寸等符合要求作为一般项目（占总分28%）。

（2）考核工时定额　8h（采用超时累计时段扣分方法，超时1h不评分）。

（3）可参考相关教材，预先制备专用夹具和相关机床附件。

（4）安全文明生产　达到国家和企业标准与规定，工作场地整洁，工、量、卡具摆放整齐合理（占总分 7%）。

（5）考件有严重缺陷不予评分。

3. 考核评分表

关注"大国技能"微信公众号，回复"高级 3.1.3"查看本项目考核评分表。

实训项目 4　薄形工件数控铣削

● 考核目标

薄形工件的平面和连接面数控铣削属于数控难加工项目，可采用高速和精细加工的方法。项目考核要求见实训模块 1 项目表（表 3-1）。

● 考核重点

数控加工工艺过程和切削参数的确定，高速铣削和精细加工方法应用与操作方法。

● 考核难点

防止工件加工变形的措施、加工部位的精度要求。

● 试题样例

1. 考件图样（图 3-3）
2. 考核要求

（1）考核内容

1）加工工艺和数控加工程序编制；叶身、叶身根部周边、叶根部分各主要尺寸、表面粗糙度等符合图样要求作为主要项目（占总分 75%）。

2）其余精度要求较低的各项尺寸等符合要求作为一般项目（占总分 18%）。

（2）考核工时定额　4h（采用超时累计时段扣分方法，超时 0.5h 不评分）。

（3）可预先制备专用夹具、刀具和相关机床附件。

（4）安全文明生产　达到国家和企业标准与规定，工作场地整洁，工、量、卡具摆放整齐合理；数控机床操作符合规范（占总分 7%）。

（5）考件有严重缺陷不予评分。

3. 考核评分表

关注"大国技能"微信公众号，回复"高级 3.1.3"查看相关考核评分表。

实训模块 2　台阶和槽加工

实训项目 1　销孔燕尾配合件铣削

● 考核目标

销孔和特形沟槽配合是典型结构的配合件加工项目，具有配合精度的燕尾槽铣削是特形沟槽的难加工项目。项目考核要求见实训模块 2 项目表（表 3-2）。

表 3-2　实训模块 2 项目表

序号	实训项目内容	技能要求
1	销孔燕尾配合件铣削	1. 工艺准备：能编制台阶、槽的铣削加工工艺文件；能使用专用夹具、组合夹具进行多工件装夹 2. 铣削台阶：能使用立铣刀、三面刃铣刀铣削台阶，并达到尺寸公差等级为 IT7，几何公差等级为 7 级，表面粗糙度值为 $Ra1.6\mu m$ 的要求；能使用组合铣刀、成形铣刀铣削非对称台阶、多级台阶，并达到尺寸公差等级为 IT7，平行度、对称度 7 级，表面粗糙度值为 $Ra1.6\mu m$ 的要求 3. 铣削键槽：能使用立铣刀、键槽铣刀、三面刃铣刀铣削通键槽、半封闭键槽、封闭键槽；能使用半圆键槽铣刀、T 形铣刀铣削半圆键槽，并达到尺寸公差等级为 IT7，平行度、对称度 7 级，表面粗糙度值为 $Ra1.6\mu m$ 的要求
2	滑块配合件铣削	
3	斜双凹凸配合件铣削	4. 铣削直角沟槽：能铣削等分圆弧直角沟槽，并达到尺寸公差等级为 IT7，几何公差等级为 7 级，表面粗糙度值为 $Ra1.6\mu m$ 的要求；能铣削大半径弧形直角沟槽，并达到尺寸公差等级为 IT7，平行度、对称度 7 级，表面粗糙度值为 $Ra1.6\mu m$ 的要求 5. 铣削特形沟槽：能根据图样要求改制铣削特形沟槽刀具；能铣削特形沟槽，并达到尺寸公差等级为 IT7，平行度、对称度 7 级，表面粗糙度值为 $Ra1.6\mu m$ 的要求 6. 数控铣削空间沟槽：能根据图样要求，使用 CAD/CAM 软件进行造型（含曲线、曲面、实体）；能生成空间沟槽的加工轨迹，并进行相应加工参数设置；能编制加工程序进行空间沟槽加工，并达到尺寸公差等级为 IT8，平行度、对称度 7 级，表面粗糙度值为 $Ra1.6\mu m$ 的要求
4	圆周均布沟槽型面数控铣削	7. 精度检验及误差分析：能对特形沟槽的几何尺寸、形状、位置进行精度检验；能分析特形沟槽工件加工产生变形的原因

● 考核重点

特形沟槽铣削位置的调整与铣削操作和检验方法。

● 考核难点

特形沟槽的铣削加工操作过程和配合精度控制。

● 试题样例

1. 考件图样（图 3-4）

2. 考核要求

（1）考核内容

1）配合间隙小于 0.10mm，配合后两销插入可移距（10±0.03）mm。

2）左上体（图 3-4b）、右上体（图 3-4e）、底座（图 3-4f）的各主要尺寸符合图样要求作为主要项目（占总分 73%）。

3）其他尺寸及角度、表面粗糙度符合要求作为一般项目（占总分 20%）。

（2）工时定额　16h（采用超时累计时段扣分方法，超时 1h 不评分）。

（3）安全文明生产　达到国家、企业标准与规定，工作场地整洁，工、量、卡具摆放整齐合理（占总分 7%）。

（4）两个圆柱销（图 3-4c、d）可预制自备。

（5）组件不能配合不予评分。

3. 考核评分表

关注"大国技能"微信公众号，回复"高级 3.2.1"查看本项目考核评分表。

实训项目 2　滑块配合件铣削

● 考核目标

凸键和直角槽配合是典型结构的配合件加工项目，具有配合精度的直角槽和凸键铣削是台阶和直角槽配合件的难加工项目。项目考核要求见实训模块 2 项目表（表 3-2）。

● 考核重点

键槽、直角沟槽、凸键铣削位置的调整与铣削操作和检验方法。

● 考核难点

直角沟槽和凸键的铣削加工操作过程和配合精度控制。

● 试题样例

1. 考件图样（图 3-5）

2. 考核要求

（1）考核内容

1）配合间隙小于 0.10mm，配合后滑块（图 3-5d）能滑动。

2）主体（图 3-5b）、滑块（图 3-5d）、连接块（图 3-5c）的各主要尺寸符合图样要求作为主要项目（占总分 54%）。

3）其他尺寸及平行度、圆弧 $R6mm$ 及表面粗糙度符合图样要求作为一般项目（占总分 31%）。

4）编写主体（图 3-5b）的铣削工艺过程（占总分 8%）。

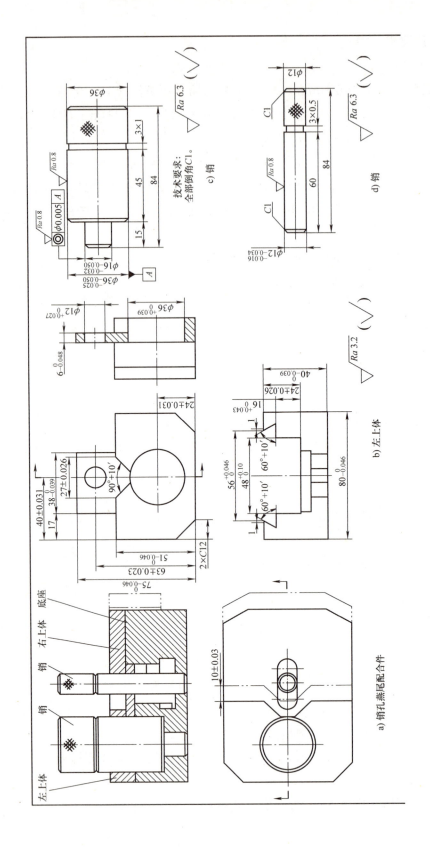

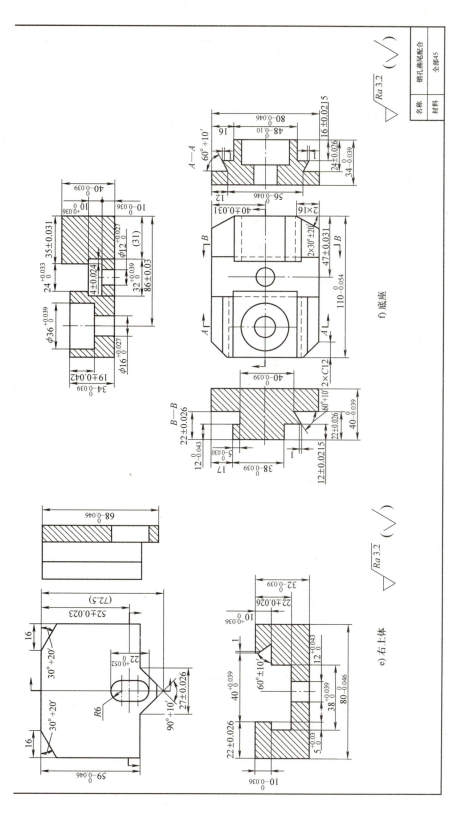

图 3-4 销孔燕尾配合

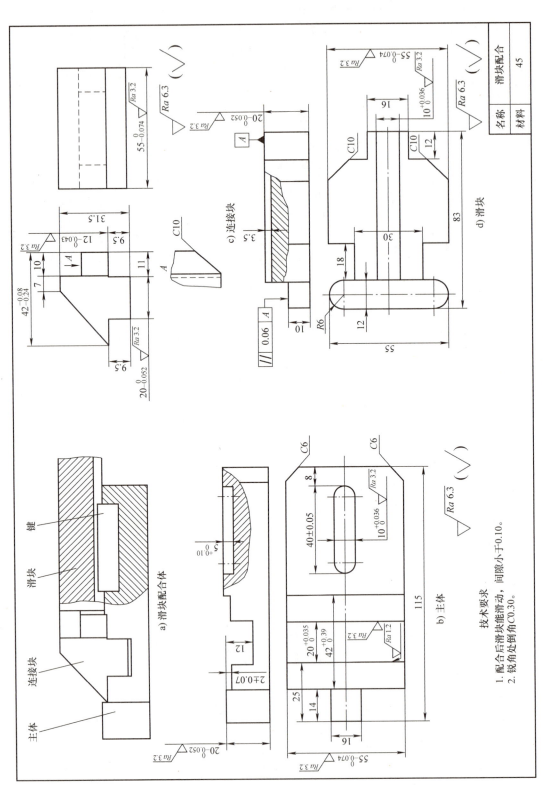

图 3-5 滑块配合

（2）工时定额　16h（采用超时累计时段扣分方法，超时 1h 不评分）。

（3）安全文明生产　达到国家、企业标准和规定，工作场地整洁，工、量、卡具摆放整齐合理（占总分 7%）。

3. 考核评分表

关注"大国技能"微信公众号，回复"高级 3.2.2"查看本项目考核评分表。

实训项目 3　斜双凹凸配合件铣削

● 考核目标

侧面与基准倾斜的凸键和直角槽配合是典型结构的配合件加工项目，具有配合精度的斜双直角槽和凸键铣削是台阶和直角槽配合件的难加工项目。项目考核要求见实训模块 2 项目表（表 3-2）。

● 考核重点

斜双直角沟槽、凸键配合件的铣削位置的调整与铣削操作和检验方法。

● 考核难点

斜双直角沟槽和凸键配合件的铣削加工操作过程和配合精度控制。

● 试题样例

1. 考件图样（图 3-6）

2. 考核要求

（1）考核内容

1）配合间隙小于 0.10mm，配合后外形偏移尺寸公差 0.10mm。

2）上下体的直角槽、凸键各主要尺寸符合图样要求作为主要项目（占总分 70%）。

3）其他尺寸及表面粗糙度等符合图样要求作为一般项目（占总分 23%）。

（2）工时定额　4h（采用超时累计时段扣分方法，超时 0.5h 不评分）。

（3）安全文明生产　达到国家、企业标准和规定，工作场地整洁，工、量、卡具摆放整齐合理（占总分 7%）。

3. 考核评分表

关注"大国技能"微信公众号，回复"高级 3.2.2"查看相关考核评分表。

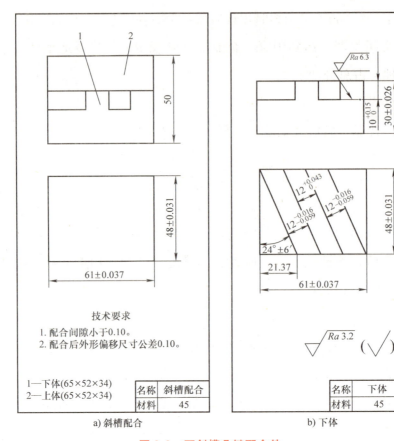

图 3-6 双斜槽凸键配合件

实训项目 4　圆周均布沟槽型面数控铣削

● **考核目标**

使用数控机床加工均布槽类结构零件，达到零件沟槽、轮廓面的各项尺寸和位置精度要求。

● **考核重点**

圆周均布偏心圆弧槽、直角沟槽与轮廓连接面的数控程序编制、数控铣削操作和检验方法。

● **考核难点**

数控程序编制和加工操作过程及精度控制。

● **试题样例**

1. 考件图样（图 3-7）

2. 考核准备

1）零件图样一份

2）加工设备：数控铣床（或加工中心）一台

3）工件毛坯材料和尺寸：45 钢，102mm×102mm×40mm。

4）夹具：机用虎钳（钳口张开尺寸大于 100mm）。

5）刀具：切削 45 钢用高速钢平头立铣刀（切削刃过中心）标准型 ϕ6mm、ϕ8mm、ϕ10mm、ϕ12mm，ϕ8mm（90°）倒角刀。

6）量具：高精度机械寻边器分中棒，杠杆千分表（0~0.8mm），游标卡尺（带深度 0~150mm），外径千分尺（0~25mm、25~50mm、50~75mm、75~100mm），塞尺一套，数控铣床机械加工表面粗糙度比较样块（Ra0.8~6.3μm），M8-6h、ϕ8mm-7h 塞规。

7）其他：等高垫块 2 块（按机用虎钳配备）、6in（1in=25.4mm）细扁锉。

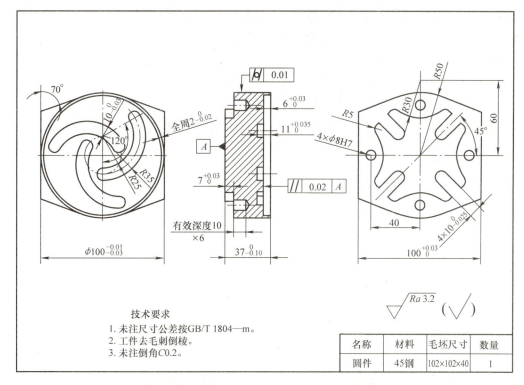

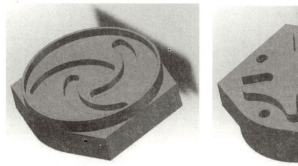

图 3-7　圆周均布沟槽型面的工件

3. 考核要求

（1）考核内容

1）按零件图样完成数控加工程序编制。

2）按零件图样在数控铣床上完成零件加工。

（2）工时定额　6h（可按设备等条件具体拟定；采用超时累计时段扣分方法，超时 0.5h 不评分）。

（3）安全文明生产　符合数控机床操作规范；达到国家、企业标准和规定，工作场地整洁，工、量、卡具摆放整齐合理。

（4）以下情况为否决项（出现以下情况不予评分，按 0 分计）。

1）任一项的尺寸或几何误差超差 0.5mm 以上，不予评分。

2）零件加工不完整或有严重的碰伤、过切，不予评分。

3）操作时发生撞刀等严重生产事故者，立刻终止其鉴定。

4）同类刀具正常磨损允许调换一次，否则不予评分。

4. 考核评分表

关注"大国技能"微信公众号，回复"高级3.2.2"查看相关考核评分表。

实训模块 3　齿形加工

实训项目 1　套类螺旋齿轮铣削

● **考核目标**

套类螺旋齿轮是典型的齿轮类零件，圆柱螺旋齿轮铣削是常见的齿轮铣削加工项目。项目考核要求参见实训模块 3 项目表（表 3-3）。

表 3-3　实训模块 3 项目表

序号	实训项目内容	技能要求
1	套类螺旋齿轮铣削	1. 工艺准备：能使用分度头装夹大质数直齿锥齿轮，并进行找正；能计算变位齿轮的相关尺寸；能选择铣削蜗轮、蜗杆的刀具；能刃磨铣削蜗轮的飞刀 2. 铣削齿轮齿条：能铣削斜齿圆柱齿轮、直齿锥齿轮、大质数直齿锥齿轮，并达到精度等级为 8FJ，表面粗糙度值为 $Ra1.6\mu m$ 的要求；能铣削变位齿轮，并达到精度等级为 8FJ，表面粗糙度值为 $Ra1.6\mu m$ 的要求；能铣削大模数直齿齿条、斜齿齿条，并达到精度等级为 8FJ，表面粗糙度值为 $Ra1.6\mu m$ 的要求 3. 铣削牙嵌离合器：能铣削加工矩形齿、尖形齿、梯形齿离合器，并达到尺寸公差等级为 IT8，等分公差≤6′，表面粗糙度值齿侧面为 $Ra1.6\mu m$、齿底面为 $Ra3.2\mu m$ 的要求；能铣削螺旋形齿离合器，并达到尺寸公差等级为 IT8，等分公差≤6′，表面粗糙度值齿侧面为 $Ra1.6\mu m$、齿底面为 $Ra3.2\mu m$ 的要求 4. 铣削蜗轮蜗杆：能使用盘式铣刀、指形铣刀铣削蜗杆，并达到精度等级为 8 级，表面粗糙度值为 $Ra1.6\mu m$，导程公差≤0.1mm 的要求；能使用盘式铣刀、蜗轮滚刀或飞刀铣削蜗轮，并达到精度等级为 8 级，表面粗糙度值为 $Ra1.6\mu m$，导程公差≤0.1mm 的要求 5. 精度检验及误差分析：能检验大质数直齿锥齿轮大、小端尺寸和齿厚尺寸精度；能检验蜗杆的齿形、齿距、径向圆跳动和导程精度；能检验蜗轮的齿形、齿距、径向圆跳动和中心距精度；能分析大质数直齿锥齿轮加工产生齿厚误差的原因；能分析蜗杆、蜗轮产生加工误差的原因
2	大质数直齿锥齿轮铣削	
3	高精度矩形离合器铣削	
4	飞刀展成蜗轮铣削	

● **考核重点**

螺旋齿轮加工数据计算和交换齿轮配置，铣削位置的调整与铣削操作方法。

● **考核难点**

交换齿轮配置、铣削加工操作工艺过程和检验方法。

● **试题样例**

1. 考件图样（图 3-8）

2. 考核要求

（1）考核内容

1）加工参数计算、交换齿轮配置、轮齿等分精度、公法线长度及变动量、螺旋角等符合图样要求作为主要项目（占总分 70%）。

2）位置精度、表面粗糙度等符合图样要求作为一般项目（占总分 23%）。

（2）工时定额　4h（采用超时累计时段扣分方法，超时 0.5h 不评分）。

（3）安全文明生产　达到国家、企业标准和规定，工作场地整洁，工、量、卡具摆放整齐合理（占总分 7%）。

3. 考核评分表

关注"大国技能"微信公众号,回复"高级3.3.1"查看本项目考核评分表。

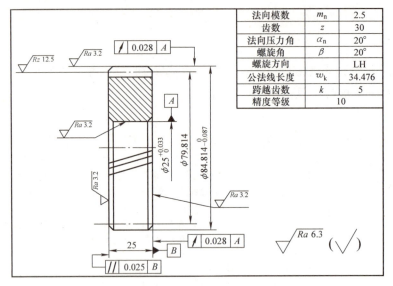

图 3-8　斜齿圆柱齿轮工件图

实训项目 2　大质数直齿锥齿轮铣削

● **考核目标**

直齿锥齿轮是典型的齿轮类零件,大质数直齿锥齿轮铣削属于直齿锥齿轮难加工项目。项目考核要求参见实训模块 3 项目表(表3-3)。

● **考核重点**

差动分度和锥齿轮加工数据计算和交换齿轮配置、铣削位置的调整与铣削操作、检验方法。

● **考核难点**

交换齿轮配置、铣削位置调整、偏铣操作和齿厚精度控制。

● **试题样例**

1. 考件图样(图3-9)

2. 考核要求

(1) 考核内容

1) 考生根据给定的模数、齿数、轴交角等数据,计算加工数据,并填入考件图样数据缺项内容栏(缺项内容可由考核单位拟定)。

2) 锥齿轮齿厚变动量、齿向、齿圈径向圆跳动、齿面接触面积符合图样精度要求作为主要项目（占总分65%）。

3）差动交换齿轮计算和配置、表面粗糙度符合要求作为一般项目（占总分28%）。

（2）工时定额　6h（采用超时累计时段扣分方法，超时0.5h不评分）。

（3）安全文明生产　达到国家、企业标准和规定，工作场地整洁，工、量、卡具摆放整齐合理（占总分7%）。

（4）选用立式铣床，盘形齿轮铣刀加工。

3. 考核评分表

关注"大国技能"微信公众号，回复"高级3.3.2"查看本项目考核评分表。

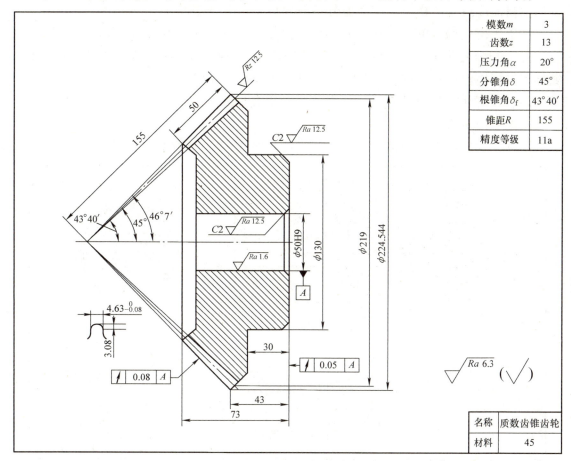

图3-9　大质数直齿锥齿轮

实训项目3　高精度矩形离合器铣削

● 考核目标

矩形离合器是典型的离合器类零件，高精度矩形离合器铣削属于常见的铣削加工项目。项目考核要求参见实训模块3项目表（表3-3）。

● **考核重点**

矩形离合器铣削位置的调整与铣削操作、检验方法。

● **考核难点**

齿侧铣削位置调整和精度检验。

● **试题样例（本例考件包括圆柱螺旋槽凸轮）**

1. 考件图样（图3-10）

2. 考核要求

（1）考核内容　凸轮槽宽与螺旋槽中心角及升高量、端面键宽度与对称度、离合器齿槽夹角、等分精度、侧面位置等作为评分主要项目（占总分73%）。其他尺寸及表面粗糙度符合图样要求作为评分一般项目（占总分20%）。

（2）工时定额　8h（采用超时累计时段扣分方法，超时0.5h不评分）。

（3）安全文明生产　正确执行安全技术操作规程。按企业有关文明生产的规定，做到工作场地整洁；工件、工具摆放整齐（占总分7%）。

（4）由考生自行设计心轴，不准使用专用夹具。

3. 考核评分表

关注"大国技能"微信公众号，回复"高级3.3.3"查看本项目考核评分表。

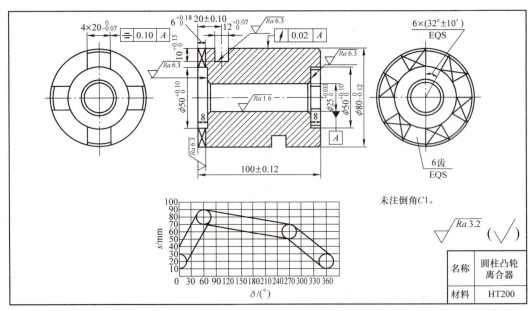

图3-10　圆柱凸轮离合器

实训项目4　飞刀展成蜗轮铣削

● **考核目标**

蜗轮是典型的传动零件，飞刀展成蜗轮铣削属于齿形铣削难加工项目。项目考核要求参见实训模块3项目表（表3-3）。

● **考核重点**

飞刀设计与刃磨、交换齿轮计算与配置、铣削位置的调整与铣削操作、检验方法。

● **考核难点**

飞刀设计、交换齿轮配置、铣削位置调整和精度检验。

● **试题样例**

1. 考件图样（图3-11）
2. 考核要求

（1）考核内容 装配后中心距、齿距极限偏差、齿距累积公差、齿圈径向圆跳动、蜗轮中间平面极限偏移、螺旋角等作为评分主要项目（占总分64%）。齿数等分、螺旋方向、交换齿轮计算和配置、单刀设计和刃磨、表面粗糙度符合图样要求作为评分一般项目（占总分29%）。

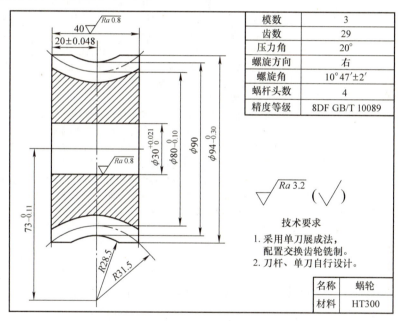

图3-11 蜗轮

（2）工时定额 5h（采用超时累计时段扣分方法，超时1h不评分）。

（3）安全文明生产 正确执行安全技术操作规程。按企业有关文明生产的规定，做到工作场地整洁；工件、工具摆放整齐。（占总分7%）。

（4）刀杆、单刀设计计算、交换齿轮计算作为预考。

（5）飞刀铣削时的机床改装准备可由机修工配合进行。

3. 考核评分表

关注"大国技能"微信公众号，回复"高级3.3.4"查看本项目考核评分表。

实训模块 4 孔加工

实训项目 1 极坐标孔系加工

● 考核目标

铣床上极坐标平行孔系加工是典型的孔系加工项目,极坐标孔位置的调整和加工属于常见的孔加工项目。项目考核要求见实训模块 4 项目表(表 3-4)。

表 3-4 实训模块 4 项目表

序号	实训项目内容	技能要求
1	极坐标孔系加工	1. 工艺准备:能进行平行孔系、交叉孔系的坐标计算;能选择镗削台阶孔、盲孔的刀具 2. 铣、镗坐标孔系:能使用铣床镗削平行孔系、交叉孔系,并达到孔径尺寸公差等级为 IT7,孔中心距公差等级为 IT8,圆度、圆柱度 8 级,表面粗糙度值为 $Ra1.6\mu m$ 的要求
2	模板孔系加工	3. 铣、镗台阶孔盲孔:能镗削台阶孔,并达到孔径尺寸公差等级为 IT7,圆度、圆柱度 8 级,表面粗糙度值为 $Ra1.6\mu m$ 的要求;能镗削盲孔,并达到孔径尺寸公差等级为 IT7,圆度、圆柱度 8 级,表面粗糙度值为 $Ra1.6\mu m$ 的要求 4. 螺纹孔、组合孔数控加工:能编制螺纹孔加工程序进行加工,并达到螺纹公差等级为 6 级,表面粗糙度值为 $Ra1.6\mu m$ 的要求;能编制组合孔加工程序进行加工,并达到尺寸公差等级为 IT7,几何公差等级为 8 级,表面粗糙度值为 $Ra1.6\mu m$ 的要求
3	组合模板孔系数控加工	5. 精度检验及误差分析:能使用游标卡尺、游标高度卡尺、百分表检验平行孔系、交叉孔系的位置精度;能对理论交点尺寸进行间接测量;能检验螺纹尺寸精度及位置精度

● 考核重点

孔轴线位置的计算、调整,平行孔系的孔加工操作方法。

● 考核难点

极坐标孔加工位置的调整精度控制和单孔加工操作及精度控制。

● 试题样例

1. 考件图样(图 3-12)

2. 考核要求

(1)考核内容 各孔轴线位置(极径、极角)、孔轴线与基准面 A 的垂直度、孔径尺寸、圆柱度、孔壁表面粗糙度等作为评分主要项目(占总分 75%)。有关计算和调整操作等符合图样要求作为评分一般项目(占总分 18%)。

(2)工时定额 5h(采用超时累计时段扣分方法,超时 0.5h 不评分)。

（3）安全文明生产　正确执行安全技术操作规程。按企业有关文明生产的规定，做到工作场地整洁；工件、工量具摆放整齐（占总分7%）。

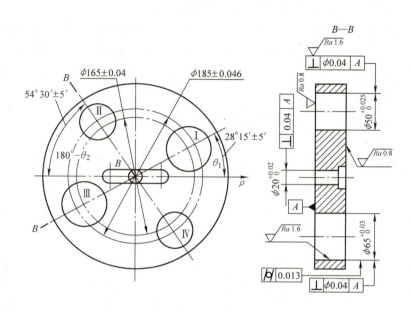

图3-12　平面极坐标平行孔系工件

（4）镗刀等孔加工刀具可预先进行准备；考件预制件为圆盘状（ϕ260mm×40mm），两端面磨削加工（Ra0.8μm）；垂直基准面A，对称外形的键槽（宽度20mm、长度90mm、深度10mm）可预先加工。

3.考核评分表

关注"大国技能"微信公众号，回复"高级3.4.1"查看本项目考核评分表。

实训项目2　模板孔系加工

● 考核目标

铣床上模板平行孔系加工是典型的孔系加工项目，具有基准孔的孔系位置调整和加工属于常见的孔加工项目。项目考核要求见实训模块4项目表（表3-4）。

● 考核重点

孔轴线位置的坐标值换算、调整，平行孔系的单孔与台阶孔加工操作方法。

● 考核难点

基准孔及孔系加工位置的调整、精度控制和台阶孔加工操作及精度控制。

● 试题样例（本例包括直角槽和角度槽铣削内容）

1.考件图样（图3-13）

2.考核要求

(1)考核内容

1)孔径、台阶孔深度、孔的位置精度、角度槽90°±5′、槽形角及其尺寸、直角槽宽度及槽距尺寸符合图样要求作为主要项目（占总分65%）。

2)外形等其他尺寸和表面粗糙度符合要求作为一般项目（占总分28%）。

(2)工时定额　7h（采用超时累计时段扣分方法，超时1h不评分）。

(3)安全文明生产　达到国家、企业标准和规定，工作场地整洁，工、量、卡具摆放整齐合理（占总分7%）。

(4)镗孔不准使用定径刀具和微调镗刀杆。

3.考核评分表

关注"大国技能"微信公众号，回复"高级3.4.2"查看本项目考核评分表。

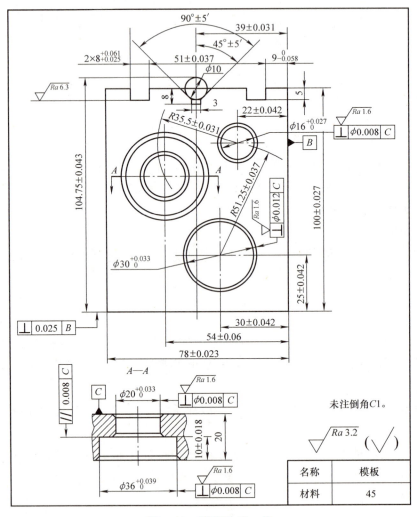

图3-13　模板孔系工件

实训项目3 组合模板孔系数控加工

● **考核目标**

轮廓组合模板平行孔系加工是典型的孔系加工项目,孔系位置与轮廓坐标相关是常见的孔系加工项目。项目考核要求见实训模块4项目表(表3-4)。

● **考核重点**

组合模板加工工艺、孔系数控加工程序编制、数控加工中心的操作。

● **考核难点**

加工工艺、程序验证和机床操作。

● **试题样例(本例包括直线成形面轮廓铣削内容)**

1. 考件图样(图3-14)
2. 考核准备

1)零件图样一份。

2)加工设备:数控铣床(或加工中心)一台。

3)工件毛坯材料和尺寸:45钢,100mm×80mm×40mm。

4)夹具:机用虎钳(钳口张开尺寸大于100mm)。

5)刀具:切削45钢用高速钢平头立铣刀(切削刃过中心)标准型 ϕ6mm、ϕ8mm、ϕ10mm、ϕ12mm,ϕ8mm(90°)倒角刀,ϕ5.8mm麻花钻,ϕ6mm铰刀,铣削 M30×1.5 螺纹铣刀。

6)量具:高精度国产机械寻边器分中棒,杠杆千分表(0~0.8mm),游标卡尺(带深度0~150mm),外径千分尺(0~25mm、25~50mm、50~75mm、75~100mm),塞尺一套,数控铣床机械加工表面粗糙度比较样块(Ra0.8~6.3μm),ϕ6mm-7h 塞规,M30×1.5-7H 环规。

7)其他:等高垫块2块(按机用虎钳配备)、6in 细扁锉。

3. 考核要求

(1)考核内容

1)按零件图样完成数控加工程序编制。

2)按零件图样在数控铣床上完成零件加工。

(2)工时定额 按设备等条件具体拟定(采用超时累计时段扣分方法,超时1h不评分)。

(3)安全文明生产 遵守数控机床操作规范;达到国家、企业标准和规定,工作场地整洁,工、量、卡具摆放整齐合理。

(4)以下情况为否决项(出现以下情况不予评分,按0分计)。

1)任一项的尺寸或几何误差超差0.5mm以上,不予评分。

2)零件加工不完整或有严重的碰伤、过切,不予评分。

3）操作时发生撞刀等严重生产事故者，立刻终止其鉴定。

4. 考核评分表

关注"大国技能"微信公众号，回复"高级3.4.2"查看相关考核评分表。

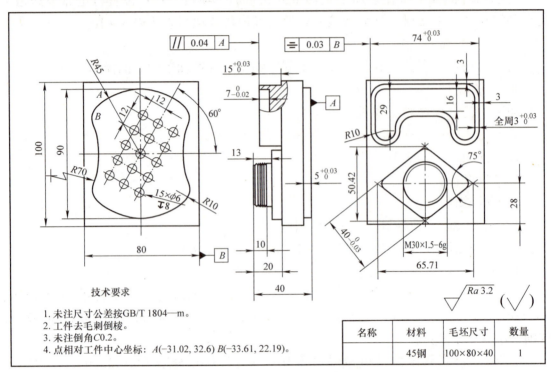

图 3-14　组合模板孔系工件

实训模块 5 成形面、螺旋面和曲面加工

实训项目 1 等速圆柱凸轮铣削

● 考核目标

等速圆柱凸轮铣削是典型的螺旋槽铣削加工项目，等速圆柱螺旋槽铣削是螺旋槽铣削的常见加工项目。项目考核要求见实训模块 5 项目表（表 3-5）。

表 3-5 实训模块 5 项目表

序号	实训项目内容	技能要求
1	等速圆柱凸轮铣削	1. 工艺准备：能分析并计算专用夹具的定位误差；能设计、制作定位件等装夹辅具；能对模具的型腔、型面及组合体进行定位与装夹；能换算尺寸链 2. 铣削凸轮：能铣削小导程或大导程等速圆柱凸轮，并达到尺寸公差等级为 IT7，成形面形状公差（包括导程）≤ 0.10mm，表面粗糙度值为 $Ra1.6\mu m$ 的要求；能用坐标法铣削等速圆柱凸轮，并达到尺寸公差等级为 IT7，成形面形状公差（包括导程）≤ 0.10mm，表面粗糙度值为 $Ra1.6\mu m$ 的要求；能铣削非等速圆柱凸轮，并达到尺寸公差等级为 IT7，成形面形状误差（包括导程）≤ 0.10mm，表面粗糙度值为 $Ra1.6\mu m$ 的要求
2	等速盘形凸轮铣削	3. 铣削螺旋槽、平面螺旋面：能铣削圆柱螺旋槽，并达到尺寸公差等级为 IT8，形状误差 ≤ 0.10mm，表面粗糙度值为 $Ra1.6\mu m$ 的要求；能铣削平面螺旋面，并达到尺寸公差等级为 IT8，形状误差 ≤ 0.10mm，表面粗糙度值为 $Ra1.6\mu m$ 的要求
3	内外球面套铣削	4. 铣削球面：能铣削内球面，并达到尺寸公差等级为 IT8，形状误差 ≤ 0.05mm，表面粗糙度值为 $Ra1.6\mu m$ 的要求；能铣削外球面，并达到尺寸公差等级为 IT8，形状误差 ≤ 0.05mm，表面粗糙度值为 $Ra1.6\mu m$ 的要求 5. 铣削型腔、型面及组合体：能铣削模具的型腔、型面，并达到尺寸公差等级为 IT8，形状公差等级为 8 级，表面粗糙度值为 $Ra1.6\mu m$ 的要求；能铣削带特形沟槽的组合体（三件以上组合）工件，组合后能达到尺寸公差等级为 IT8，形状公差等级为 8 级，表面粗糙度值为 $Ra1.6\mu m$ 的要求
4	凸凹模铣削	6. 轮廓数控加工：能编制凸轮、椭圆等曲线轮廓加工程序；能铣削凸轮、椭圆曲线轮廓工件，并达到尺寸公差等级为 IT7，形状公差等级为 7 级，表面粗糙度值为 $Ra1.6\mu m$ 的要求 7. 曲面数控加工：能使用 CAD/CAM 软件编制二次曲面加工程序，并进行干涉检查；能进行二次曲面加工，并达到尺寸公差等级为 IT8，几何公差等级为 8 级，表面粗糙度值为 $Ra1.6\mu m$ 的要求 8. 组合体数控加工：能编制组合件及凸凹模的加工程序，并进行干涉检查；能进行组合件及凸凹模加工，并达到配合公差等级为 IT7，表面粗糙度值为 $Ra1.6\mu m$ 的要求
5	椭圆型面组合件数控加工	9. 精度检验及误差分析：能使用杠杆千分尺、水平仪、光学分度头、拉簧比较仪等量具量仪检验成形面、螺旋齿槽、锥面齿槽的几何误差；能综合分析成形面、螺旋齿槽、锥面齿槽加工产生形状、位置误差的原因；能检验模具的型腔、型面精度；能检验组合体的配合精度，各组合件的尺寸、几何精度；能分析组合体加工产生配合误差的原因

● 考核重点

圆柱凸轮各工作段螺旋齿槽加工数据和交换齿轮计算,铣削位置的调整与铣削操作方法及精度控制。

● 考核难点

交换齿轮配置、各螺旋槽始终位置的连接及铣削加工操作与精度检验。

● 试题样例

考核图样、考核要求、考核评分表等参见实训模块 3 实训项目 3。

实训项目 2　等速盘形凸轮铣削

● 考核目标

等速盘形凸轮铣削是典型的成形面铣削加工项目,等速盘形凸轮铣削是平面螺旋面铣削的常见加工项目。项目考核要求见实训模块 5 项目表(表 3-5)。

● 考核重点

盘形凸轮各工作段平面螺旋面加工数据和交换齿轮计算,采用倾斜法时的铣削位置调整与铣削操作方法及精度控制。

● 考核难点

交换齿轮配置;各螺旋面、连接圆弧面始终位置的连接及铣削加工操作与精度检验。

● 试题样例

1. 考件图样(图 3-15)

2. 考核要求

(1)考核内容

1)圆盘凸轮等速螺旋面 AB 段和 CD 段的导程、交换齿轮计算;倾斜法加工的倾斜角计算、凸轮型面与基准孔的位置精度、型面的导程等符合图样要求作为主要项目(占总分 70%)。

2)其他位置尺寸、连接圆弧和表面粗糙度等符合要求作为一般项目(占总分 23%)。

(2)工时定额　5h(采用超时累计时段扣分方法,超时 0.5h 不评分)。

(3)安全文明生产　达到国家、企业标准和规定,工作场地整洁,工、量、卡具摆放整齐合理(占总分 7%)。

(4)考件材料　45 钢;预制件外形 $\phi200mm \times 16mm$,基准孔 $\phi22$(H7)mm。

3. 考核评分表

关注"大国技能"微信公众号,回复"高级 3.5.2"查看本项目考核评分表。

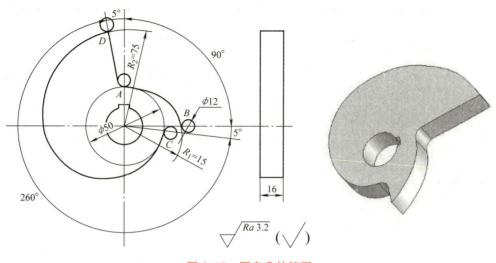

图 3-15 圆盘凸轮简图

实训项目 3　内外球面套铣削

● **考核目标**

球面铣削是典型的成形面铣削加工项目，内外球面铣削是成形面铣削的常见加工项目。项目考核要求见实训模块 5 项目表（表 3-5）。

● **考核重点**

球面加工数据计算，刀具回转半径和铣削位置调整、铣削操作方法及精度控制。

● **考核难点**

球面形状、尺寸与位置精度控制。

● **试题样例**

1. 考件图样（图 3-16）

2. 考核要求

（1）考核内容

1）基准孔孔径、外球面半径、内球面半径及其等分圆直径、内球面深度尺寸等符合图样要求作为主要项目（占总分 65%）。

2）台阶孔直径及深度尺寸、内球面等分和表面粗糙度等符合要求作为一般项目（占总分 28%）。

(2) 工时定额　6h（采用超时累计时段扣分方法，超时 1h 不评分）。

(3) 安全文明生产　达到国家、企业标准和规定，工作场地整洁，工、量、卡具摆放整齐合理（占总分 7%）。

(4) 考件材料　45 钢；预制件外形 $\phi 145$（h7）mm × 44mm。

3. 考核评分表

关注"大国技能"微信公众号，回复"高级 3.5.3"查看本项目考核评分表。

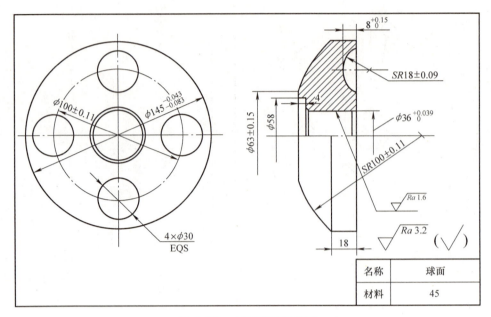

图 3-16　内外球面套简图

实训项目 4　凸凹模铣削

● **考核目标**

成形面凸凹模铣削是常见的模具型面、型腔加工项目，项目考核的要求见实训模块 5 项目表（表 3-5）。

● **考核重点**

模具型面图样分析、加工工艺和铣削位置调整、铣削操作方法及精度控制。

● **考核难点**

凸凹模配合间隙和加工精度控制。

● **试题样例**

1. 考件图样（图 3-17）
2. 考核要求

（1）考核内容

1）凸凹模配合间隙允许 0.10～0.30mm（R8mm 处间隙允许 0.10～0.50mm），凹模尺寸与斜度、凸模尺寸与斜度符合图样要求作为主要项目（占总分 70%）。

2）凹模外形尺寸及圆弧连接、表面粗糙度符合要求作为一般项目（占总分 23%）。

（2）工时定额　7h（采用超时累计时段扣分方法，超时 1h 不评分）。

（3）安全文明生产　达到国家、企业标准和规定，工作场地整洁，工、量、卡具摆放整齐合理（占总分 7%）。

（4）不准使用锉刀修整模具表面。

3. 考核评分表

关注"大国技能"微信公众号,回复"高级3.5.4"查看本项目考核评分表。

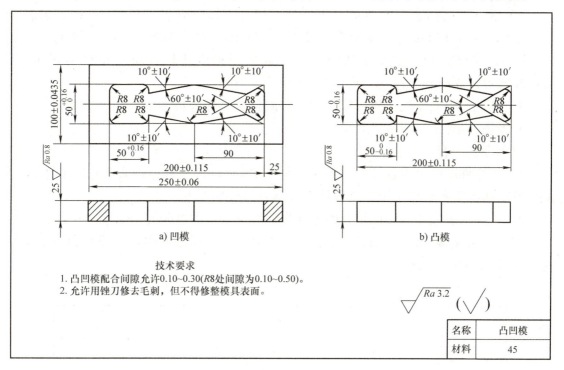

图 3-17 凸凹模

实训项目 5 椭圆型面组合件数控加工

● 考核目标

模具型面是曲面加工的典型项目,椭圆型面数控铣削是曲面的难加工项目。项目考核要求见实训模块 5 项目表(表 3-5)。

● 考核重点

型面型腔的加工工艺、数控加工程序编制、数控加工中心的操作。

● 考核难点

加工工艺、程序验证和机床操作。

● 试题样例(本例包括直线成形面轮廓铣削和孔加工内容)

1. 考件图样(图 3-18)
2. 考核准备

1)零件图样一份。

2)加工设备:数控铣床(或加工中心)一台。

3)工件毛坯材料和尺寸:45 钢,120mm × 80mm × 20mm 两块。

4)夹具:机用虎钳(钳口张开尺寸大于 100mm)。

5)刀具：切削 45 钢用高速钢平头立铣刀（切削刃过中心）标准型 ϕ6mm、ϕ8mm、ϕ10mm、ϕ12mm；ϕ8mm（90°）倒角刀；ϕ6.8mm 麻花钻；M8 丝锥。

6)量具：高精度国产机械寻边器分中棒；杠杆千分表（0~0.8mm）；游标卡尺（带深度 0~150mm）；外径千分尺（0~25mm、25~50mm、50~75mm、75~100mm）；塞尺一套；数控铣床机械加工表面粗糙度比较样块（Ra0.8~6.3μm）；M8-6h 塞规，ϕ8mm-7h、ϕ10mm-7h 塞规。

7)其他：等高垫块 2 块（按机用虎钳配备）、6in 细扁锉。

3. 考核要求

（1）考核内容

1)按零件图样完成数控加工程序编制；按零件图样在数控铣床上完成零件加工。配合精度和各主要尺寸作为主要项目（占总分的 75%）。

2)其余一般尺寸、表面粗糙度等作为一般项目（占总分的 18%）。

（2）工时定额　8h（按设备等条件具体拟定；采用超时累计时段扣分方法，超时 0.5h 不评分）。

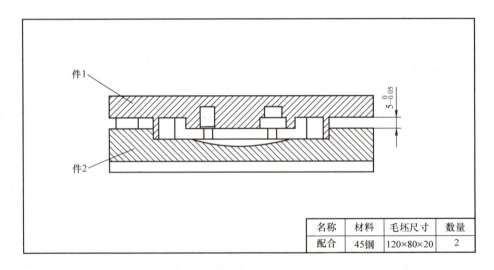

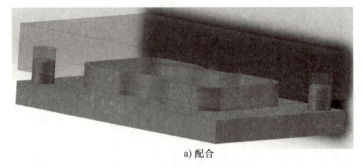

a) 配合

图 3-18　凸凹模

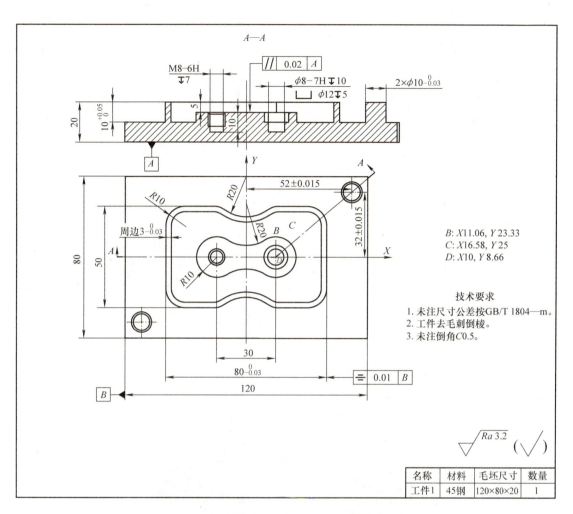

b) 工件1

图 3-18 凸凹模（续）

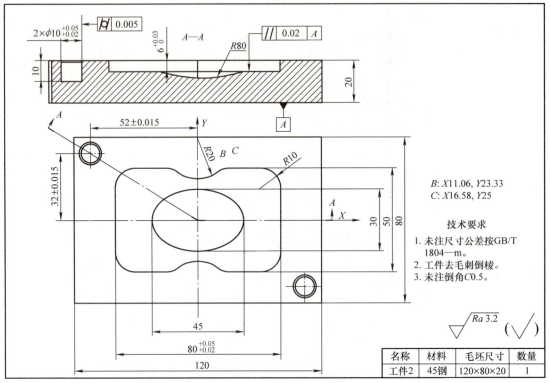

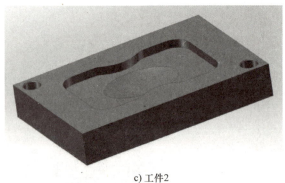

c) 工件2

图3-18 凸凹模（续）

（3）安全文明生产 遵守数控机床操作规范；达到国家、企业标准和规定，工作场地整洁，工、量、卡具摆放整齐合理（占总分的7%）。

（4）同类刀具正常磨损允许调换一次。

（5）以下情况为否决项（出现以下情况不予评分，按0分计）

1）任一项的尺寸或几何误差超差0.5mm以上，不予评分。

2）零件加工不完整或有严重的碰伤、过切，不予评分。

3）操作时发生撞刀等严重生产事故者，立刻终止其鉴定。

4.考核评分表

关注"大国技能"微信公众号，回复"高级3.5.4"查看相关考核评分表。

实训模块 6　刀具齿槽加工

实训项目 1　错齿三面刃铣刀齿槽铣削

● **考核目标**

螺旋齿槽铣削是典型的螺旋面铣削加工项目，圆柱面交错螺旋齿槽铣削是刀具齿槽铣削的难加工项目。项目考核要求见实训模块 6 项目表（表 3-6）。

表 3-6　实训模块 6 项目表

序号	实训项目内容	技能要求
1	错齿三面刃铣刀齿槽铣削	1. 工艺准备：能释读错齿三面刃铣刀、立铣刀和角度铣刀图样及技术要求；能确定错齿三面刃铣刀、立铣刀和角度铣刀齿槽的铣削加工步骤 2. 铣削错齿刀具的齿槽：能铣削错齿三面刃铣刀齿槽，并达到刀具前角误差 ≤ 2°，刀齿处棱边尺寸公差等级 IT12，表面粗糙度值为 $Ra3.2\mu m$ 的要求；能铣削角度铣刀的齿槽，并达到刀具前角误差 ≤ 2°，刀齿处棱边尺寸公差等级 IT12，表面粗糙度值为 $Ra3.2\mu m$ 的要求
2	单角铣刀齿槽铣削	3. 铣削螺旋齿刀具的齿槽：能铣削立铣刀螺旋齿槽，并达到刀具前角误差 ≤ 2°，刀齿处棱边尺寸公差等级 IT12，表面粗糙度值为 $Ra3.2\mu m$ 的要求；能铣削等前角、等螺旋角刀具的螺旋齿槽，并达到刀具前角误差 ≤ 2°，刀齿处棱边尺寸公差等级 IT12，表面粗糙度值为 $Ra3.2\mu m$ 的要求
3	圆柱形铣刀螺旋齿槽铣削	4. 精度检验及误差分析：能使用游标高度卡尺、百分表、万能分度头检验错齿刀具齿槽的位置精度和角度精度。能检验螺旋齿刀具齿槽的螺旋角和齿槽等分尺寸精度

● **考核重点**

交错螺旋齿槽加工计算，铣削位置的调整与铣削操作方法。

● **考核难点**

交换齿轮配置、错齿螺旋齿槽位置对刀和铣削加工操作。

● **试题样例**

1. 考件图样（图 3-19）

2. 考核要求

（1）考核内容

1）刀齿前角、螺旋角、齿背后角、齿槽角和棱边宽度等符合图样要求作为主要项目（占总分 65%）。

2）端面齿槽、接刀、齿等距误差和表面粗糙度等符合要求作为一般项目（占总分 28%）。

（2）工时定额　8h（采用超时累计时段扣分方法，超时 1h 不评分）。

（3）安全文明生产　达到国家和企业标准与规定，工作场地整洁，工、量、卡具摆放整齐合理，交换齿轮配置方法正确（占总分 7%）。

（4）由考生自行设计心轴，不准使用专用夹具。

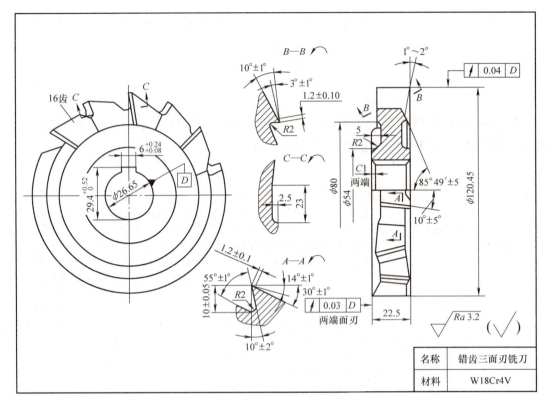

图 3-19 错齿三面刃铣刀

（5）考件有严重缺陷不予评分。

3. 考核评分表

关注"大国技能"微信公众号，回复"高级 3.6.1"查看本项目考核评分表。

实训项目 2 单角铣刀齿槽铣削

● **考核目标**

圆锥面直齿槽铣削是典型的齿槽铣削加工项目，项目考核要求见实训模块 6 项目表（表 3-6）。

● **考核重点**

圆锥面齿槽铣削加工计算、圆锥面齿槽铣削位置的调整与铣削操作方法。

● **考核难点**

齿槽形状和刀齿几何角度控制、铣削加工操作。

● **试题样例**

1. 考件图样（图 3-20）

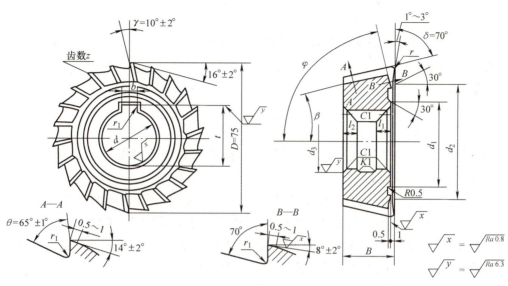

图 3-20 单角铣刀

2. 考核要求

（1）考核内容

1）刀齿前角、齿背后角、齿槽角和棱边宽度等符合图样要求作为主要项目（占总分 65%）。

2）端面齿槽、接刀、齿等距误差和表面粗糙度等符合要求作为一般项目（占总分 28%）。

（2）工时定额　8h（采用超时累计时段扣分方法，超时 1h 不评分）。

（3）安全文明生产　达到国家和企业标准与规定，工作场地整洁，工、量、卡具摆放整齐合理（占总分 7%）。

（4）由考生自行设计心轴，不准使用专用夹具。

（5）考件有严重缺陷不予评分。

3. 考核评分表

关注"大国技能"微信公众号，回复"高级 3.6.1"查看相关考核评分表。

实训项目 3　圆柱形铣刀螺旋齿槽铣削

● 考核目标

圆柱面螺旋齿槽铣削是典型的齿槽铣削项目，项目考核要求见实训模块 6 项目表（表 3-6）。

● 考核重点

圆柱面螺旋齿槽铣削加工计算、交换齿轮配置、铣削位置的调整与铣削操作方法。

● 考核难点

齿槽形状和刀齿几何角度控制、铣削加工操作。

● 试题样例

1. 考件图样（图3-21）

2. 考核要求

（1）考核内容

1）刀齿螺旋角、刀齿前角、齿背后角、齿槽角和棱边宽度等符合图样要求作为主要项目（占总分70%）。

2）齿等距误差和表面粗糙度等符合要求作为一般项目（占总分23%）。

（2）工时定额　6h（采用超时累计时段扣分方法，超时1h不评分）。

（3）安全文明生产　达到国家和企业标准与规定，工作场地整洁，工、量、卡具摆放整齐合理，交换齿轮配置正确（占总分7%）。

（4）由考生自行设计心轴，不准使用专用夹具。

（5）考件有严重缺陷不予评分。

3. 考核评分表

关注"大国技能"微信公众号，回复"高级3.6.1"查看相关考核评分表。

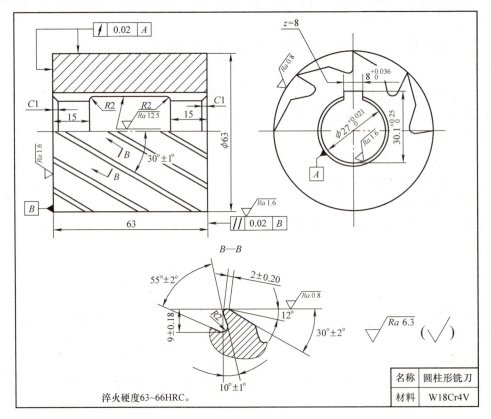

图3-21　圆柱形铣刀

实训模块 7　设备维护与保养

实训项目 1　升降台铣床几何精度的检测与调整

● 考核目标

升降台铣床的几何精度检测和调整是设备维护保养的基本项目，项目考核要求见实训模块 7 项目表（表 3-7）。

表 3-7　实训模块 7 项目表

序号	实训项目内容	技能要求
1	升降台铣床几何精度的检测与调整	1. 铣床的精度检验与调整：能进行铣床的几何精度检验（包括机床主轴的回转精度、机床主轴轴线与工作台的垂直度或平行度、工作台的平面度、工作台的移动精度）；能进行铣床工作精度测量，并通过试切检测铣床的综合工艺性能；能对铣床的纵、横向工作台运动精度进行调整
2	升降台铣床的常见故障判断和排除方法	2. 铣床的日常保养：能判断铣床主轴运转故障、工作台进给故障；能判断铣床的电气故障；能判断铣床的传动故障
3	数控铣床的几何精度和切削精度检验	3. 数控铣床的精度调整：能对主轴相对工作台的垂直（平行）度，工作台的平面度及运动件的平行度、垂直度，主轴的轴向、径向圆跳动等精度进行检验；能进行机床切削精度检验
4	数控铣床常见故障的判断和排除方法	4. 数控铣床的维护与保养：能判断数控铣床机械系统（主轴异响、进给间隙过大等）、液压系统（液压泵不供油）、气动系统（拉刀机构拉不紧刀柄等）和冷却系统（冷却泵不工作等）的故障；能判断数控铣床控制系统（主轴等）与电气系统（按钮、行程开关等）的故障

● 考核重点

各项几何精度检测的方法和精度要求、检测结果的分析和解决措施。

● 考核难点

精度检测结果的分析和调整方法。

● 试题样例

1. 考核主题

按几何精度检测的规定项目要求进行精度检测，对检测结果进行分析，并采取相应措施进行调整。

2. 准备要求

1）常用升降台铣床。

2）精度检测的辅具和量具。

3）预先设置 3～4 项因失调引发的精度误差检测项目。

3. 考核要求

（1）考核内容　对指定的精度检测项目进行精度检测；分析精度误差大的原因；提出改善调整的措施；通过调整作业，消除精度误差。

（2）考核时间　每项检测与调整 60min（精度检测作业每项 20min，分析误差原因和提出调整方案每项 10min，调整作业和复测检验每项 30min）。

（3）配分　按比例配分：如 4 项几何精度检测，共 12 项能力测试内容，可均分配分，也可按难度配分。

4. 考核评分表

关注"大国技能"微信公众号，回复"高级 3.7.1"查看本项目考核评分表。

实训项目 2　升降台铣床的常见故障判断和排除方法

● **考核目标**

升降台铣床的故障判断和排除是设备维护保养的基本项目，项目考核要求见实训模块 7 项目表（表 3-7）。

● **考核重点**

发现故障的方法和故障原因分析、故障部位确认和故障排除方法。

● **考核难点**

故障部位确认和故障排除方法。

● **试题样例**

1. 考核主题

发现铣床故障、判断故障原因并提出措施和方法。

2. 准备要求

1）常用铣床。

2）配合的机修工。

3）设置 3～4 个故障。

3. 考核要求

（1）考核内容

1）操作机床进行切削，发现故障。

2）分析故障部位和产生的原因。

3）提出排除故障的措施和方法。

（2）考核时间　4h。单个故障的发现时间为 10min，确定故障部位和判断原因为 20min，提出故障排除的措施和方法为 30min。

（3）配分　按比例配分：如 4 个故障，共 12 项能力测试内容，可均分配分，也可以按难度配分。

4. 故障设置的分配项目

（1）机床主轴故障　包括主轴轴承损坏故障、主轴轴向窜动故障、电动机故障、主轴变速故障和主轴制动故障等，考核时作为较难的故障项目。

（2）机床进给传动机构故障　丝杠副间隙故障、导轨间隙故障、电动机故障、保险离合器故障和快慢速转换故障等，考核时作为较难的故障项目。

（3）冷却系统故障　包括电动机故障、滤网故障、冷却泵故障和管路故障等，考核时作为一般的故障项目。

（4）加工质量故障　表面粗糙度下降、表面接刀不平和加工面不平等，考核时作为一般的故障项目。

5. 考核评分表

关注"大国技能"微信公众号，回复"高级3.7.1"查看相关考核评分表。

实训项目3　数控铣床的几何精度和切削精度检验

● **考核目标**

根据数控铣床几何精度和切削精度检验的项目和要求，掌握检测的方法，分析误差产生的原因。

● **考核重点**

数控机床几何精度检测的基本方法、检测量具的使用方法、检测数据的分析。

● **考核难点**

检测操作和检测数据分析。

● **试题样例**

1. 考核主题

1）按指定（或抽选）的检测项目，使用规定的量具、检具进行几何精度检测，并对检测数据进行分析。

2）按指定机床的切削精度检验项目，通过切削加工和工件检验，分析机床的切削精度。

2. 准备要求

1）数控铣床。

2）各类检测用量具和检具。

3）检验切削精度的预制件。

3. 考核要求

（1）考核内容

1）按几何精度检测项目要求完成指定项目检测，记录数据，分析检测结果。

2）按切削精度检验的项目要求完成指定工件的切削加工，通过检验，判断机床的切削精度。

（2）考核时间　6h（可根据检测的具体项目数及难易度确定）。

（3）配分　几何精度检测的作业过程和规范性、数据的准确性、检测结果的分析方法；切削精度检验的机床操作、工件加工和检验、检验结果的分析等作为主要项目（占总分的65%）。操作过程符合规范、数据记录等作为一般项目（占总分的28%）。

（4）现场文明管理　遵守数控铣床的操作规程；现场管理符合国家和企业有关规定（占总分的7%）。

4. 检测项目配置

按精度检测标准或规范选定2～3项几何精度检测内容，1项切削精度检测内容。

5. 考核评分表

关注"大国技能"微信公众号，回复"高级3.7.1"查看相关考核评分表。

实训项目4　数控铣床常见故障的判断和排除方法

● **考核目标**

了解数控铣床主轴、滚珠丝杠副、导轨、排屑装置、润滑系统常见故障的原因和排除方法。根据数控机床使用过程中出现的各种异常情况，判断故障现象、分析故障原因和部位、提出故障排除的方法。

● **考核重点**

主轴、滚珠丝杠副和润滑系统的常见故障及排除方法。

● **考核难点**

故障原因的分析判断和排除方法。

● **试题样例**

1. 考核主题

发现数控铣床主传动链、滚珠丝杠副和润滑系统常见故障、判断故障原因和部位、提出排除故障的措施和方法、协同维修人员排除故障。

2. 准备要求

1）数控铣床。

2）配合的维修工。

3）设置3～4个单一性故障。

3. 考核要求

（1）考核内容

1）保养、试运行机床，可进行切削加工，应用故障诊断经验法发现故障。

2）分析产生故障的原因和故障部位。

3）提出排除故障的措施和方法。

4）协同维修人员排除故障。

（2）考核时间　4h。单个故障的发现时间10min，确定故障部位和判断原因时间20min，提出故障排除的措施和方法时间30min，协同排除故障时间不计。

（3）配分　按比例配分：如4个故障，共12项能力测试内容，可均分配分，也可以按难度配分。

4. 故障配置

1）主传动链常见故障：主轴发热、主轴噪声、主轴润滑不良、主轴无变速、主轴强力切削时停转等。

2）滚珠丝杠副：工件表面粗糙度值高、返回误差大、加工精度不稳定、滚珠丝杠不灵活、丝杠螺母润滑不良、滚珠丝杆有噪声等。

5. 考核评分表

关注"大国技能"微信公众号，回复"高级3.7.1"查看相关考核评分表。

第4部分 模拟试卷样例

理论知识考试模拟试卷

试卷一

一、判断题（对的画√，错的画×；每题1.5分，共30分）

1. 验收铣床精度用的测量用具是指按标准准备的测量用具，以及指示表、塞尺等检测量具。（   ）

2. 悬梁导轨对主轴旋转轴线的平行度误差超差会影响刀杆支架安装精度，致使刀杆变形，从而影响铣刀安装精度。（   ）

3. 调整X5032型铣床主轴径向间隙，是通过修磨主轴前端的整圆垫圈实现的。（   ）

4. X8126型万能工具铣床床身内设有进给机构传动链极限转矩装置，平时应经常进行调整。（   ）

5. 数控铣床编程时，必须考虑换刀、变速和切削液起停等辅助动作。（   ）

6. 光学分度头光路的两端是目镜和光源。（   ）

7. 当数控机床接通电源后，自动选择G54坐标系。（   ）

8. 加工中心的固定循环指令主要用于轮廓加工。（   ）

9. G98指令表示钻孔结束后，刀具返回到起始平面。（   ）

10. 没有主轴准停功能的数控铣床常用G76实现精镗孔。（   ）

11. 子程序可以再调用另一个子程序。（   ）

12. 交错齿三面刃铣刀的两端端面齿是交错排列的。（   ）

13. 铣削三面刃铣刀端面齿时，若发现刀齿棱边宽度偏差较大，可适当调整分度头仰角α。（   ）

14. 用立铣刀铣削内球面时，内球面底部出现凸尖的原因是立铣刀刀尖最高切削点偏离工件中心位置。（   ）

15. 采用倾斜铣削法铣削圆盘凸轮时，只要相应调整、改变分度头和立铣头的倾

斜角，便可获得不同导程的工作型面。（　　）

16. 球面立铣刀的后面应全部磨成平面，以防止后面"啃切"加工表面。（　　）

17. XB4480型仿形铣床随动系统使主轴箱和仿形仪做随动运动，移动的方向使模型对仿形销保持一定的压力。（　　）

18. 用立铣刀侧刃铣削凸模平面外轮廓时，应沿外轮廓曲线延长线的法向切入。（　　）

19. 锥齿轮偏铣的原则是不铣到小端分度圆以下齿形，而大端则逐步铣至分度圆齿厚尺寸要求。（　　）

20. 等螺旋角锥度刀具可沿用铣等速螺旋线的方法进行加工。（　　）

二、选择题（将正确答案的序号填入括号内；每题1.5分，共30分）

1. 调整铣床水平时，工作台应处于行程的（　　）位置。

    A. 适当　　　　B. 中间　　　　C. 极限

2. 大修后的铣床，由于调换的零件与原零件的磨损程度不一致，因此需要有一段（　　）。

    A. 磨损期　　　B. 调整期　　　C. 磨合期

3. 铣床工作台纵向和横向移动的垂直度低，主要原因是导轨磨损，制造精度低、镶条太松，对于万能卧式铣床，还可能是（　　）。

    A. 回转盘接合面不清洁

    B. 回转盘零位不准

    C. 回转盘接合面精度低

4. X6132型铣床工作台镶条间隙一般以（　　）mm为宜。

    A. 0.10　　　　B. 0.03　　　　C. 0.01

5. 调试X6132型铣床时，应检查铣床主轴的停止制动时间是否在（　　）s范围之内。

    A. 0.1　　　　B. 0.5　　　　C. 1

6. X8126型铣床水平主轴的前轴承和后轴承（　　）。

    A. 均为滚动轴承

    B. 均为滑动轴承

    C. 分别是滑动轴承和滚动轴承

7. 数控铣床在进给系统中采用步进电动机，步进电动机按（　　）转动相应角度。

    A. 电流变动量　B. 电压变化量　C. 电脉冲数量

8. 光学分度头通常在（　　）上有所区别，因此分度头的读数和精度也相应有所区别。

    A. 光学系统放大倍数　　　B. 内部结构　　　C. 分度方法

9. 杠杆卡规的调整螺环与可调测杆矩形螺纹间的轴向间隙是用（　　）消除的。
   A. 弹簧片　　　　B. 弹簧　　　　C. 垫片
10. 由可循环使用的标准零部件组成，并易于连接和拆卸的夹具称为（　　）。
    A. 通用夹具　　　B. 专用夹具　　　C. 组合夹具
11. 分度头主轴前端通过（　　）安装在回转体上。
    A. 圆柱浮动轴承　B. 锥度滑动轴承　C. 滚动轴承
12. 由于组合夹具各元件的接合面都比较平整、光滑，因此各元件之间均应使用（　　）。
    A. 紧固件　　　　B. 定位件和紧固件　　　C. 定位件
13. 在气动夹紧机构中，（　　）的作用是保证在管路中突然停止供气时，夹具不会立即松夹而造成事故。
    A. 调压阀　　　　B. 单向阀　　　　C. 配气阀
14. 难加工材料的变形系数都较大，通常当铣削速度达到（　　）m/min 左右时，切屑的变形系数达到最大值。
    A. 0.5　　　　　B. 3　　　　　C. 6
15. 交错齿三面刃铣刀的同一端面上刀齿的前角（　　）。
    A. 均是负值　　　B. 均是正值　　　C. 一半是正值另一半是负值
16. 镗孔时，为了保证镗杆和刀体有足够的刚性，孔径在 30～120mm 时，镗杆直径一般为孔径的（　　）倍较为合适。
    A. 1　　　　B. 0.8　　　　C. 0.5　　　　D. 0.3
17. 螺纹数控铣削时，属于顺铣方式加工右旋内螺纹的是（　　）。
    A. G02 螺旋插补，$-Z$ 方向进给　　　B. G02 螺旋插补，$+Z$ 方向进给
    C. G03 螺旋插补，$+Z$ 方向进给　　　D. G03 螺旋插补，$-Z$ 方向进给
18. 螺纹铣刀数控铣削螺纹时，螺纹导程靠（　　）实现。
    A. 机床 Z 轴运动　B. 机床 Y 轴运动　C. 螺纹铣刀螺距　D. 机床 X 轴运动
19. 数控机床液压系统的故障有 80% 是由（　　）引起的。
    A. 油液温升　　　B. 油液污染　　　C. 油液泄漏　　　D. 管路气穴
20. 数控机床气动系统定期检修的主要内容是彻底处理系统的（　　）现象。
    A. 漏油　　　　B. 漏气　　　　C. 润滑不良　　　D. 冷凝水

三、计算题（每题 4 分，共 16 分）

1. 有一对轴交角 $\Sigma=90°$ 的锥齿轮，已知 $z_1=20$，$z_2=30$，模数 $m=3$mm。试求 δ_1 和 δ_2 及 d_{a1} 和 d_{a2}。
2. 在立式铣床上铣削一不等直径双柄外球面，已知柄部直径 $D=40$mm，$d=35$mm，球面半径 $SR=45$mm。试确定倾斜角 α 和刀盘刀尖回转直径 d_c。
3. 用小于槽宽的铣刀精铣圆柱凸轮螺旋槽，已知槽宽为 16mm，铣刀直径 $d_0=$

12mm，工件外径 $D = 100$mm，槽深 $T = 12$mm，导程 $P_h = 100$mm。试求铣刀偏移距离 e_x、e_y。

4. 选用 F11125 型分度头装夹工件，在 X6132 型铣床上铣削交错齿三面刃铣刀螺旋齿槽，已知工件外径 $d_0 = 100$mm，刃倾角 $\lambda_s = 15°$。试求导程 P_h、速比 i 和交换齿轮。

四、简答题（每题 4 分，共 24 分）

1. 何谓单斜面和复合斜面？铣削复合斜面的要点是什么？
2. 使用专用夹具时应注意哪些事项？
3. 为什么在铣床上用锥齿轮铣刀铣削标准锥齿轮时要进行偏铣？
4. 为什么在铣削内球面时底部会出现"凸尖"？怎样消除"凸尖"？
5. 数控铣床进行轮廓加工时，确定切入、切出路线有哪些要求？为什么？
6. 数控加工中为什么要进行刀具半径补偿？

试卷二

一、判断题（对的画√，错的画 ×；每题 1.5 分，共 30 分）

1. 大修后的铣床，应对调换的零件和修复部位的工作状况及几何精度进行重点验收。（　　）
2. 铣床水平长期失准对铣床的运动精度没有直接影响。（　　）
3. 锥齿轮铣刀的厚度以小端设计，并比小端的齿槽稍薄一些。（　　）
4. 当偏铣锥齿轮时，为了便于观察铣刀以使其重新对准小端齿槽，应使小端齿槽端面处于刀杆中心位置。（　　）
5. 数控铣床的坐标轴方向通常规定为铣刀移动方向，而不是工作台移动方向。（　　）
6. 极限卡规只能判断加工部位尺寸合格与否，不能确定实际尺寸与规定尺寸之间的偏差值。（　　）
7. 子程序结束只能返回到调用程序段之后的程序段。（　　）
8. 极坐标编程时，坐标值可以用极坐标（极径和极角）输入。（　　）
9. 程序段 G18 G03 X0 Z0 Y30. I20. K0 J10. F50. ；所描述螺旋线的螺距是 20mm。（　　）
10. 使用可调式的镗刀配合 G33 指令可在没有安装位置编码器的铣床上加工大直径的螺纹。（　　）
11. 用户宏程序适合尺寸不同、形状相似零件的通用加工程序编程。（　　）
12. 铣削交错齿三面刃铣刀螺旋齿槽，在螺旋齿槽方向转换时，应保持原有的交换齿轮，仅拆装惰轮。（　　）
13. 球面的铣削加工位置由铣刀刀尖的回转直径确定。（　　）

14. 采用倾斜铣削法铣削圆盘凸轮时,立铣刀的螺旋角应选得小一些。（　　）

15. 用小于槽宽的铣刀精铣圆柱凸轮螺旋槽时,铣刀应处于工件中心位置铣削。（　　）

16. 随动作用式仿形铣床具有随动系统,它能使仿形销自动跟随模型移动。（　　）

17. 仿形铣削的粗精铣可以通过调整仿形销和铣刀的轴向相对位置来控制余量。（　　）

18. 铣削凹模平面封闭内轮廓时,刀具只能沿轮廓曲线的切向切入和切出。（　　）

19. 锥度刀具大端与小端直径不相等,为了获得相等的前角,偏移量应绝对相等。（　　）

20. 铣削组合件前,除对零件进行工艺分析外,还须对配合部位进行工艺分析。（　　）

二、选择题（将正确答案的序号填入括号内；每题1.5分,共30分）

1. 铣床水平调整要求是：纵向和横向的水平误差在1000mm长度上均不超过（　　）mm。
   A. 0.005　　　　B. 0.04　　　　C. 0.20

2. 铣床主轴精度检验包括其（　　）和主轴轴线与其他部分的位置精度。
   A. 运动精度　　B. 几何精度　　C. 尺寸精度

3. 铣床升降台垂直移动直线度的公差是：300mm测量长度上为（　　）mm。
   A. 0.010　　　　B. 0.025　　　　C. 0.080

4. 调试X6132型铣床时,接通总电源开关后应检查（　　）。
   A. 铣床主轴旋转和进给速度
   B. 铣床主轴旋转和进给起动与停止动作
   C. 铣床主轴旋转方向和进给方向

5. X6132型铣床主轴转速在1500r/min空运转1h后,检查主轴轴承温度应不超过（　　）℃。
   A. 30　　　　B. 70　　　　C. 100

6. X8126型铣床垂直主轴可通过手柄带动（　　）做轴向移动。
   A. 链轮链条　　B. 齿轮齿条　　C. 丝杠螺母

7. 数控铣床具体包括以下设施：机械设备、（　　）、操作系统和附属设备。
   A. 穿孔机　　　B. 存储器　　　C. 数控系统

8. 用光学分度头测量铣床分度头蜗轮一转分度误差时,应在铣床分度头主轴回转一周后,找出实际回转角与名义回转角40个差值的（　　）。

A. 最大值

B. 最大值与最小值和的一半

C. 最大值与最小值之差

9. 压力式气动量仪是通过锥杆移动来使上、下气室压力相等的，因此，这类仪器的放大倍数和测量范围通常是用（　　）来改变的。

A. 改变锥杆长度　　B. 改变锥杆圆锥角　　C. 改变锥杆硬度

10. SPAN1203 EDTR 中的 R 表示（　　）。

A. 刀片切向　　B. 刀片转角形状　　C. 刀片切削刃截面形状

11. 组合夹具中各种规格的方形、矩形、圆形基础板和基础角铁等，称为（　　）。

A. 支承件　　B. 定位件　　C. 基础件

12. 较宽的 V 形块定位轴类零件可以限制（　　）自由度。

A. 四个　　B. 五个　　C. 六个

13. 在铣床夹具中，最基本的增力和锁紧元件是（　　）。

A. 斜楔　　B. 液压缸活塞　　C. 偏心轮

14. 铣削难加工材料时，加工硬化程度严重，切屑强韧，当强韧的切屑流经前面时，会产生（　　）现象堵塞容屑槽。

A. 变形卷曲　　B. 粘接和熔焊　　C. 挤裂粉碎

15. 铣削交错齿三面刃铣刀齿槽时，应根据廓形角选择铣刀结构尺寸，同时还需根据螺旋角选择（　　）。

A. 铣刀切削方向　　B. 铣刀几何角度　　C. 铣刀材料

16. 数控加工中，下列条件表达式运算符中，表示大于或等于的是（　　）。

A. GE　　B. LT　　C. LE　　D. GT

17. 位置精度较高的孔系数控加工时，特别要注意孔的加工顺序的安排，主要是考虑到（　　）。

A. 加工表面质量　　B. 坐标轴的反向间隙　　C. 刀具寿命　　D. 控制振动

18. 孔系数控加工，确定加工路线时，必须考虑（　　）。

A. 同方向进给　　B. 路径短且同方向　　C. 反方向进给　　D. 路径最短

19. 数控加工一椭圆锥台，优先选用的机床是（　　）。

A. 五轴数控铣床　　B. 三轴加工中心　　C. 三轴数控铣床　　D. 五轴加工中心

20. 对未经淬火且直径较小孔的精加工应采用（　　）。

A. 镗削　　B. 磨削　　C. 铰削　　D. 钻削

三、计算题（每题 4 分，共 16 分）

1. 铣削一锥齿轮，已知 $m = 3mm$，$z_1 = 30$（配偶齿轮 $z_2 = 40$，$\Sigma = 90°$）。试求顶锥角 δ_{a1} 和根锥角 δ_{f1}。$\left(\text{提示：} \tan\theta_a = \dfrac{2\sin\delta}{z}, \tan\theta_f = \dfrac{2.4\sin\delta}{z}\right)$

2. 在立式铣床上用立铣刀铣削一内球面,已知内球面深度 $H = 15\text{mm}$,球面半径 $SR = 20\text{mm}$。试通过计算选择立铣刀直径 d_c。

3. 用倾斜法铣削具有两段工作曲线的等速圆盘凸轮时,已知 $P_{h1} = 75.9\text{mm}$,$P_{h2} = 72.19\text{mm}$,若假定导程 $P_h' = 80\text{mm}$。试求分度头倾斜角 α_1、α_2 和立铣头扳转角 β_1、β_2。

4. 用同一把单角铣刀铣削刀具齿槽和齿背,已知被加工刀具周齿齿背角 $\alpha_1 = 24°$,周齿法向前角 $\gamma_0 = 15°$,单角铣刀廓形角 $\theta = 45°$。试求铣完齿槽后铣齿背时工作需回转的角度 φ 和分度手柄转数 n。

四、简答题(每题 4 分,共 24 分)

1. 何谓气动量仪?简述其主要特点和种类。
2. 可转位铣刀的主要特点是什么?
3. 铣削大质数直齿锥齿轮的要点是什么?
4. 简述铣削球面的加工原理。
5. 数控加工工艺分析的目的是什么?包括哪些内容?
6. 数控加工中可能产生的误差有哪几方面?

理论知识考试模拟试卷参考答案

试卷一

一、判断题

1. √ 2. √ 3. × 4. × 5. √ 6. √ 7. √ 8. × 9. √ 10. ×

11. √ 12. √ 13. √ 14. √ 15. √ 16. × 17. √ 18. × 19. √ 20. ×

二、选择题

1. B 2. C 3. B 4. B 5. B 6. C 7. C 8. A 9. A 10. C

11. B 12. B 13. B 14. C 15. C 16. B 17. C 18. A 19. B 20. B

三、计算题

1. 参见高级篇第 2 部分理论知识考核指导模块 3 计算题 1 答案。

2、3. 参见高级篇第 2 部分理论知识考核指导模块 5 计算题 1、6 答案。

4. 参见高级篇第 2 部分理论知识考核指导模块 6 计算题 1 答案。

四、简答题

1. 参见高级篇第 2 部分理论知识考核指导模块 1 简答题 3 答案。

2. 参见高级篇第 2 部分理论知识考核指导模块 2 简答题 4 答案。

3. 参见高级篇第 2 部分理论知识考核指导模块 3 简答题 1 答案。

4. 参见高级篇第 2 部分理论知识考核指导模块 5 简答题 4 答案。

5. 答：在铣削内、外轮廓表面时一般采用立铣刀侧面刃进行切削，一般从零件轮廓曲线的延长线上切入零件的内、外轮廓，切出时也是如此，以保证零件轮廓的光滑过渡。这是由于主轴系统和刀具的刚性变化，当铣刀沿法向切入工件时，会在切入处产生刀痕。

6. 答：由于刀具总有一定的刀具半径或刀尖部分有一定的圆弧半径，所以在零件轮廓加工过程中刀位点的运动轨迹并不是零件的实际轮廓，刀位点必须偏移零件轮廓一个刀具半径，这种偏移称为刀具半径补偿。

试卷二

一、判断题

1.√ 2.× 3.√ 4.√ 5.√ 6.√ 7.× 8.√ 9.× 10.×
11.√ 12.√ 13.× 14.× 15.× 16.× 17.√ 18.× 19.× 20.√

二、选择题

1.B 2.A 3.B 4.C 5.B 6.B 7.C 8.C 9.B 10.A
11.A 12.A 13.A 14.B 15.A 16.A 17.B 18.B 19.C 20.C

三、计算题

1. 参见高级篇第 2 部分理论知识考核指导模块 3 计算题 2 答案。

2、3. 参见高级篇第 2 部分理论知识考核指导模块 5 计算题 2、4 答案。

4. 参见高级篇第 2 部分理论知识考核指导模块 6 计算题 2 答案。

四、简答题

1. 参见高级篇第 2 部分理论知识考核指导模块 1 简答题 2 答案。

2. 参见高级篇第 2 部分理论知识考核指导模块 2 简答题 1 答案。

3. 参见高级篇第 2 部分理论知识考核指导模块 3 简答题 3 答案。

4. 参见高级篇第 2 部分理论知识考核指导模块 5 简答题 1 答案。

5. 答：在数控机床上加工零件，首先应根据零件图样进行工艺分析、处理、编制数控加工工艺，然后才能编制加工程序。整个加工过程是自动的。它包括的内容有机床的切削用量、工步的安排、进给路线、加工余量及刀具的尺寸和型号等。

6. 答：加工中可能产生的误差有原理误差、装夹误差、机床误差、夹具精度误差、工艺系统变形误差、工件残余应力误差、刀具误差、测量误差八个方面。

操作技能考核模拟试卷

试卷一

1. 考件图样（图 4-1）

2. 考核准备

1）零件图样一份。

2）加工设备：数控铣床（或加工中心）一台。

3）工件毛坯材料和尺寸：45 钢，100mm×80mm×40mm。

4）夹具：机用虎钳（钳口张开尺寸大于 100mm）。

5）刀具：切削 45 钢用高速钢平头立铣刀（切削刃过中心）标准型 ϕ6mm、ϕ8mm、ϕ10mm、ϕ12mm、ϕ8mm（90°）倒角刀，ϕ5.8mm 麻花钻，ϕ6mm 铰刀，铣削 M30×1.5mm 螺纹铣刀。

6）量具：高精度国产机械寻边器分中棒，杠杆千分表（0~0.8mm），游标卡尺（带深度 0~150mm），外径千分尺（0~25mm、25~50mm、50~75mm、75~100mm），塞尺一套，数控铣床机械加工表面粗糙度比较样块（Ra0.8~6.3μm），ϕ6mm-7h 塞规，M30×1.5-7H 环规。

7）其他：等高垫块 2 块（按机用虎钳配备）、6in 细扁锉。

3. 考核要求

（1）考核内容

1）按零件图样完成数控加工程序编制。

2）按零件图样在数控铣床上完成零件加工。

（2）工时定额 5h 也可按设备等条件具体拟定（采用超时累计时段扣分方法，超时 1h 不评分）。

（3）安全文明生产 遵守数控机床操作规范；达到国家、企业标准和规定，工作场地整洁，工、量、卡具摆放整齐合理。

（4）以下情况为否决项（出现以下情况不予评分，按 0 分计）。

1）任一项的尺寸或形位误差超差 0.5mm 以上，不予评分。

2）零件加工不完整或有严重的碰伤、过切，不予评分。

3）操作时发生撞刀等严重生产事故者，立刻终止其鉴定。

4. 评分表（表 4-1）

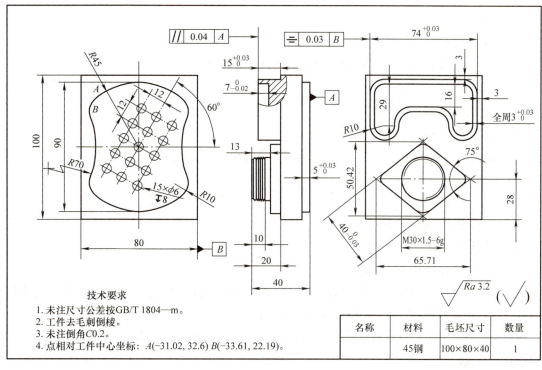

图 4-1 组合模板孔系工件

表 4-1 数控铣削零件考核评分表

工件编号		考核时间			300min
项目	序号	评价要素	配分	评分标准	得分
CAD 造型	1	100mm×80mm 底板特征	2分	错误不得分	
	2	3mm 薄壁特征	6分	错误不得分	
	3	菱形特征	2分	错误不得分	
	4	M30 螺纹特征	6分	错误不得分	
	5	R45mm、R70mm 外形特征	2分	错误不得分	
	6	孔阵列特征	8分	错误一处扣2分,扣完为止	
	7	倒角特征	4分	错误一处扣1分,扣完为止	
零件加工	8	公差尺寸检验	30分	超差一处扣4分,扣完为止	
	9	未注公差尺寸检验	20分	超差一处扣2分,扣完为止	
	10	几何公差检验	8分	超差一处扣4分,扣完为止	
	11	粗糙度检验	6分	超差一处扣2分,扣完为止	
	12	安全文明生产	6分	发现一次扣2分,扣完为止	
合计配分			100分	合计得分	

试卷二

1. 考核主题

发现铣床故障、判断故障原因并提出措施和方法。

2. 准备要求

1）常用铣床。

2）配合的机修工。

3）设置4个故障（主轴、机床进给传动机构、冷却系统、加工质量）。

3. 考核要求

（1）考核内容

1）操作机床进行切削，发现故障。

2）分析故障部位和产生的原因。

3）提出排除故障的措施和方法。

（2）考核时间　4h。单个故障的发现时间为10min，确定故障部位和判断原因为20min，提出故障排除的措施和方法为30min。

（3）配分　按比例配分：如4个故障，共12项能力测试内容，可均分配分，也可以按难度配分。

4. 考核评分表（见表4-2）

表4-2　铣床故障判断和排除故障措施考核评分表

考核项目	考核内容	考核要求	配分	评分要求	扣分	得分
主要项目	1. 发现较难的故障	在规定时间内发现（2项）	15分	未发现故障一项扣7.5分		
	2. 故障原因和部位	在规定的时间内正确判断	30分	判断错误一项扣15分		
	3. 排除故障的措施	在规定时间内提出	15分	措施错误一项扣7.5分		
一般项目	1. 发现一般故障	在规定时间内发现（2项）	13分	未发现故障一项扣6.5分		
	2. 故障原因和部位	在规定的时间内正确判断	10分	判断错误一项扣5分		
	3. 排除故障的措施	在规定时间内提出	10分	措施错误一项扣5分		
安全文明生产	1. 国家颁布安全法规或企业自定有关规定	1. 按达到规定的标准程度评定	4分	1. 违反有关规定扣1～4分		
	2. 企业有关文明生产规定	2. 按达到规定的标准程度评定	3分	2. 发现一次扣1分，很差扣3分		
考核工时定额	4h			超过定额10min不计分；未完成项目不计分		

技师、高级技师

第5部分 考核重点和试卷结构

一、考核重点

1.考核权重

根据新颁技能鉴定标准,技师和高级技师的理论知识和技能考核重点略有侧重,可参见技师、高级技师理论知识和技能要求权重表(表5-1,表5-2)。

表5-1 铣工技师、高级技师理论知识权重表

项目		二级/技师(%)		一级/高级技师(%)	
		普通铣床	数控铣床	普通铣床	数控铣床
基本要求	职业道德	5		5	
	基础知识	10		5	
相关知识要求	成形面、螺旋面和曲面加工	30	15	—	—
	难加工材料加工	15	25	—	—
	特形件加工	—	—	35	35
	设备维护保养	10	10	10	10
	技术管理	20	25	30	30
	培训指导	10	10	15	15
	合计	100	100	100	100

表5-2 铣工技师、高级技师技能要求权重表

项目		二级/技师(%)		一级/高级技师(%)	
		普通铣床	数控铣床	普通铣床	数控铣床
技能要求	成形面、螺旋面和曲面加工	30	35	—	—
	难加工材料加工	20	25	—	—
	特形件加工	—	—	40	40
	设备维护保养	10	10	10	10
	技术管理	30	20	35	35
	培训指导	10	10	15	15
	合计	100	100	100	100

2. 铣削加工模块重点

（1）工艺准备　包括工艺（工艺规程、工艺卡、工序卡等）编制；数控程序编制、应用软件编程；专用刀具、夹具和量具的设计和选用等。

（2）工件加工　包括成形面、螺旋面和曲面加工；难加工材料加工；特形件加工等。具体包括工件装夹和找正、加工位置调整、相关计算、机床操作、加工精度控制等。

（3）精度检验及误差分析　包括各种量具的使用和保养、精密量具工作原理和使用方法、加工误差的分析和改善措施等。

3. 管理主题模块重点

（1）设备维护保养　包括机床精度调整、维护保养、故障诊断和分析、排除方法等。

（2）技术管理　包括加工工艺制定与分析、新工艺应用、技术报告编写和新工艺新技术推广等。

（3）培训指导　包括理论和技能培训指导方法、教材选用和讲义编写、现代制造知识和技术革新的实施方法等。

二、试卷结构

1. 理论知识考核试卷结构

（1）常用题型　通常包括判断题、选择题（单项选择题、多项选择题）、计算题、问答题、设计题、分析题、编程题等。在具体题型组合时，可根据实际情况进行选择，如选择判断题、计算题和分析题组合成考核试卷等。

（2）知识范围　在理论知识考核重点内容范围内，应尽可能涉及80%以上的知识范围，不能集中于某些内容。

（3）配分原则　通常配分按判断题、单项选择题、多项选择题、计算（问答）题、设计（分析）题、编程（仿真、造型）题的排列顺序，合理安排题目数量和配分结构。

（4）考核时间　一般安排1~1.5h的理论知识考核时间。

2. 操作技能考核试卷结构

（1）考件试题

1）考件图样：包括图样名称、工件材料等。

2）考核要求：包括主要项目和一般项目；不予评分的条件；工时定额；坯件、夹具、量具、刀具和机床等限定要求。

3）考核评分表：包括分项目的考核内容、考核要求、配分和评分标准等。

① 考核项目：按主要评分项目、一般评分项目配分。

② 考核时间：通常为4~8h，特殊的工件可延长至16h。

③其他要求：包括环境、设备维护、操作规范等。

（2）能力试题

1）考核主题：例如"发现铣床故障、判断故障原因并提出排除故障的措施和方法"。

2）准备要求：例如相关设备、配合人员、设置故障的范围和数量等。

3）考核要求：包括考核内容、考核时间、配分方法、考核评分表等。

4）考核评分表：按主要项目、一般项目、安全文明作业、工时定额等项目分配考分，并分列考核内容、考核要求、配分、评分标准等。

（3）组合考题　可按具体情况，采用考件试题和能力试题组合后进行技能考核。

三、考试技巧

（1）全面掌握　根据考试重点的范围，按鉴定标准要求，全面练习和掌握有关的知识和技能，尤其是对知识和技能的薄弱环节进行重点复习和练习，为应考奠定坚实的基础。

（2）熟能生巧　按鉴定标准和对应教材的知识重点和技能训练实例及相关基础加工训练，反复练习，达到熟能生巧的程度。

（3）画龙点睛　在全面掌握和熟能生巧的基础上，分析试题的组合方式，抓住组合考件和主题中考核内容的主要项目，以完成配分多的主要项目，争取较多的考试得分。例如，考件试题内容是按图样和齿轮参数计算铣削加工大质数直齿锥齿轮，此时，主要项目是考件的齿厚尺寸精度、等分度和啮合面百分比，以及参数计算结果。抓住主要项目，才能获取较多的分数。

四、注意事项

（1）遵守规定　在考试前要仔细阅读有关的规定和限制条件，以免违规影响考试。例如，在加工大质数直齿锥齿轮的考件中，规定使用差动分度法进行加工，因此不能采用自制专用孔盘的方法进行分度。

（2）器具准备　在准备规定的工、夹、量具时，应进行预先的检测，保证用于考试的工、夹、量具符合要求和精度标准，以免考试中出现误差等问题。

（3）过程控制　在考试过程中，加工检验要仔细操作，并按图样规定的标准进行，即使某些项目出现超差等问题，也不必过度紧张，以免影响其他项目的加工过程。

（4）特殊处理　遇到某些特殊的情况，要及时与监考人员联系，以免影响考试进程。

五、复习策略

（1）触类旁通　铣削加工的内容有许多类似的问题，如表面加工精度，在各种考件中都有主要的加工表面，会涉及表面精度考核配分，对于提高和保证主要项目的表面精度的方法，可按表面的类型进行复习和练习，遇到类似的表面精度难题可以应用触类旁通的方法进行复习。

（2）融会贯通　要把加工典型考件或解答典型主题的全过程系统地进行梳理，融会贯通。不能断断续续地进行某个环节的复习，否则会在实际考试过程中，遇到某些不熟悉的环节时手忙脚乱，不知所措。

（3）双管齐下　知识和技能复习过程要紧密结合，把普通铣削加工和数控铣削加工结合起来，不能偏废。在典型考件练习时，要兼顾好相关理论知识的复习；在典型主题复习时，要兼顾好相关能力的练习。

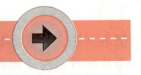

第6部分 理论知识考核指导

理论模块1 成形面、螺旋面和曲面加工

一、考核范围

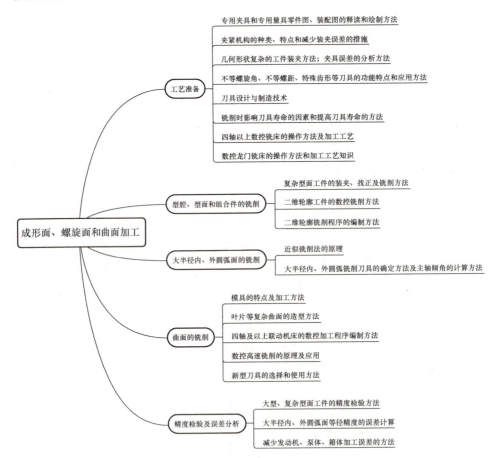

二、考核要点详解

知识点（复杂成形面）示例1（表6-1）：

表6-1 复杂成形面加工知识点

概念	当工件上直线成形面的轮廓曲线比较复杂时，可称为复杂成形面
特点	轮廓曲线可由等速螺旋线、等加速和等减速螺旋线、有规则的函数曲线和规则的非函数曲线等构成
用途	如圆盘凸轮等零件都由复杂成形面构成
分类	直线成形面、圆弧成形面、平面等速螺旋面等

知识点（曲面）示例2（表6-2）：

表6-2 曲面加工知识点

概念	一条线按一定的规则所形成的轨迹面，称为曲面
特点	按母线的形状确定曲面的类型
用途	如各种手柄上的球面是典型的圆球面
分类	规则曲面与不规则曲面、母线为直线的直线面和母线为不规则曲线的曲线面

三、练习题

（一）判断题（对的画√，错的画×）

1. 直线成形面是由一条直素线沿一条曲线（导线）做平行移动形成的表面。（ ）

2. 等速圆盘凸轮是由较为复杂的非函数曲线做导线的直线成形面的典型实例。（ ）

3. 圆柱凸轮的螺旋槽属于直线螺旋面。（ ）

4. 在仿形铣床上铣削立体曲面最常用的是分行仿形法。（ ）

5. 用指形齿轮铣刀铣削圆柱面螺旋槽，铣削干涉是由铣刀的曲率半径引起的。（ ）

6. 成批量生产方式的特点是按一定的节拍长期不变地生产某一种或两种零件。（ ）

7. "变速铣削"是降低振动幅度的重要措施。（ ）

8. 对于中小惯量的铣床，"变速铣削"采用正弦波和锯齿波等有平顶特性的变速波形，抑振效果比较好。（ ）

9. 在铣削加工过程中尺寸链换算错误属于工艺和操作不当对加工精度造成影响的因素之一。（ ）

10. 提高矩形花键的铣削加工精度可以采用高速铣削方式。（ ）

11. 在大型零件的铣削加工中零件绝对不能有任何运动。（ ）

12. 大型零件加工拼组机床定位时，可利用工件上所需加工表面的划线找正进行定位。（ ）

13. 测量拼组机床两移动部件之间的垂直度采用的光学直角仪主要是光学棱镜。（　）

14. 拼组机床铣削加工必须有专用的机座固定机床。（　）

15. 机械零件可以分为复杂件、相似件和标准件三大类，根据三类零件的出现规律，相似件约占70%。（　）

16. 成组铣削加工只能用于某一单一工序的加工。（　）

17. 被称为现代"测量中心"的三坐标测量机能与柔性系统连接，测量后可以制备数控加工控制程序。（　）

18. 非函数曲线做导线的直线成形面可以采用投影法取得各点的坐标值，获取坐标值应一个方向固定移动单位量。（　）

19. 在立式铣床上仿形铣削加工的仿形夹具，安装滚轮的仿形杆的长度最好是固定的。（　）

20. 在铣床上为仿形铣削设计的仿形夹具，若使用弹簧控制滚轮与模型的接触压力，弹簧的压缩量应考虑铣削力的大小。（　）

21. 在铣床上采用仿形夹具进行仿形铣削，若滚轮与模型之间的接触压力过小，会影响仿形精度。（　）

22. 采用心轴装夹工件时，为了提高夹紧的可靠性，防止铣削振动引起松夹，应采用粗牙螺纹副夹紧。（　）

23. 设计简易铣床夹具装夹工件时，必须采用完全定位。（　）

24. 设计铣床夹具时，为了能以较小的夹紧力夹紧工件，应使铣削力指向主要定位基准。（　）

25. 万能分度头主轴旋转一周有松紧现象，主要原因之一是分度头主轴与回转体支承面之间接触精度低。（　）

26. 万能分度头装配后，应对蜗杆副的啮合间隙进行反复调整，才能达到分度机构的啮合精度要求。（　）

27. 铣床夹具易损件允许的最大磨损值一般规范规定，夹具对机床的定位不得超出夹具所设计的公差。（　）

28. 液压虎钳在铣削过程中会产生较大的振动。（　）

29. 在使用机用虎钳装夹矩形工件时，活动钳口与工件之间使用圆棒是为了固定夹紧力的作用位置。（　）

30. 光学分度头的度盘的分度误差是变动的，必要时可以在测量结果中予以修正。（　）

31. 移动分度销，可实现在不同孔圈的角度分度组合。（　）

32. 专用夹具使用组合铣刀进行对刀操作时，应注意按对刀位置设计的指定铣刀进行对刀。（　）

33. 铣刀的标注角度是指刀具的动态几何角度。　　　　　　　　（　　）
34. 在定义铣刀静态几何角度时，假定的主运动方向为平行于切削刃选定点径向平面。　　　　　　　　　　　　　　　　　　　　　　　　　（　　）
35. 对于任意一把铣刀，无论参考系如何变动，工作法楔角是一个不变的常量。
　　　　　　　　　　　　　　　　　　　　　　　　　　　　　（　　）
36. 工件切削层金属、切屑和工件表面层金属的弹性变形所产生的抗力，是铣削力的主要来源之一。　　　　　　　　　　　　　　　　　　　（　　）
37. 铣削力中的进给力是计算铣削功率的主要切削力。　　　　　（　　）
38. 强度和硬度相近的材料，若塑性较大，铣削力就越大。　　　（　　）
39. 在铣削面积不变的情况下，切下宽而薄的切屑比切下窄而厚的切屑省力。
　　　　　　　　　　　　　　　　　　　　　　　　　　　　　（　　）
40. 适当减小铣削吃刀量，增大每齿进给量，可减小铣削力。　　（　　）
41. 在面铣刀的铣削中，改变主偏角会影响垂向和横向铣削力的分配比例。
　　　　　　　　　　　　　　　　　　　　　　　　　　　　　（　　）
42. 铣刀齿数增加会增大总切削面积而使铣削力减小。　　　　　（　　）
43. 铣削功率是按切向铣削力和该力作用方向上运动速度的乘积来进行估算的。
　　　　　　　　　　　　　　　　　　　　　　　　　　　　　（　　）
44. 材料切除率是指切削过程中在单位时间内所切除的材料的面积，常用 Q 表示。　　　　　　　　　　　　　　　　　　　　　　　　　　　　（　　）
45. 在积屑瘤形成后，铣刀的工作前角将明显增大，对增大切屑变形及降低切削力起到积极作用。　　　　　　　　　　　　　　　　　　　　（　　）
46. 控制积屑瘤产生的措施之一是采用低速或高速铣削，避开积屑瘤容易形成的铣削速度。　　　　　　　　　　　　　　　　　　　　　　　　（　　）
47. CrN 涂层刀具适用于加工铝合金和钛合金。　　　　　　　　（　　）
48. 超细晶粒硬质合金不能制作刃口锋利的整体铣刀。　　　　　（　　）
49. 在设计铣刀时，铣削方式不同所用的铣刀形式是不同的。　　（　　）

（二）单项选择题（将正确答案的序号填入括号内）

1. 等速圆盘凸轮的导线是（　　）。
　　A. 直线　　　　B. 圆弧线　　　　C. 圆柱螺旋线　　D. 平面螺旋线
2. 批量较大且素线较短的不规则盘状和板状封闭直线成形面可采用（　　）铣削加工方法。
　　A. 仿形　　B. 分度头圆周进给　　C. 回转台圆周进给　　D. 复合进给
*3. 在仿形铣床上铣削立体曲面需要合理选择铣削方式，有凹腔和凸峰的曲面可采用（　　）仿形方式。
　　A. 分行　　　　B. 轮廓　　　　C. 立体曲线　　　D. 连续

4. 在铣床上加工批量精度较高的直角沟槽应采用（　　）加工方式。
　　A. 试切调整　　B. 定直径定宽度刀具　　C. 粗铣和精铣　　D. 周边循环

*5. 圆柱面螺旋槽铣削加工中存在干涉现象，铣削干涉是由不同直径的螺旋角变动和盘形铣刀的曲率半径引起的，干涉会影响螺旋槽的（　　）。
　　A. 导程　　　　B. 螺旋角　　　　C. 槽形　　　　D. 槽深

6. 以提高生产率为目标的铣削加工发展方向是（　　）铣削加工。
　　A. 精密　　　　B. 数控　　　　C. 强力　　　　D. 成形

*7. 在铣削过程中按一定的规律改变铣削速度，可以使铣削振动幅度降低到恒速铣削时的20%以下。主要抑振措施是在一定范围（　　）。
　　A. 增大变速幅度　　B. 减小变速频率　　C. 增大进给量　　D. 提高转速

8. 在使用光学分度头测量时，测量误差可以在测量结果中进行修正的是（　　）误差。
　　A. 两顶尖不同轴　　B. 拨动装置　　C. 工件装夹　　D. 度盘分度

9. 在使用万能分度头铣削时，若发现蜗轮有局部磨损，为保证等分加工精度，可采用（　　）的方法进行使用。
　　A. 调整蜗杆副间隙　　　　B. 调整蜗杆轴向间隙
　　C. 调整主轴间隙　　　　　D. 避开蜗轮磨损区域

10. 在使用万能分度头铣削批量圆锥面质数等分槽工件时，比较简便的方法是（　　）。
　　A. 差动分度　　B. 近似分度　　C. 制作专用孔圈　　D. 角度分度

*11. 在确定铣刀静态坐标系时，规定假定主运动方向垂直于切削刃选定点（　　）平面，而假定进给运动方向垂直于铣刀轴线。
　　A. 径向　　　　B. 切向　　　　C. 法向　　　　D. 横截

12. 作用在铣刀上的铣削力可以沿切向、径向和轴向分解成三个互相垂直的分力，（　　）力是消耗铣床功率的主切削力，因此是计算铣削功率的依据。
　　A. 背向　　　　B. 切向　　　　C. 进给　　　　D. 背向和进给

13. 在面铣刀铣削中，铣刀的（　　）改变会影响纵向铣削力和横向铣削力的分配比例。
　　A. 后角　　　　B. 楔角　　　　C. 前角　　　　D. 主偏角

14. 刃倾角的大小是通过改变铣刀的实际前角而影响铣削力的，（　　）增大可使得轴向铣削力增大。
　　A. 后角　　　　B. 前角　　　　C. 刃倾角（螺旋角）　　　　D. 主偏角

15. 材料切除率是指切削过程中在单位时间内所切除的材料的（　　）。
　　A. 体积　　　　B. 表面积　　　　C. 截面积　　　　D. 长度

16. 陶瓷材料比硬质合金具有更高的硬度（91～95HRA）和耐热性，在

（　　）℃的温度下仍能切削。

　　A. 1800　　　　　B. 1200　　　　　C. 2000　　　　　D. 1500

17. 为了弥补陶瓷材料抗弯强度低，韧性和抗冲击性能差的缺点，陶瓷刀片切削刃常刃磨出20°（　　），刀片的厚度和刀尖圆弧也比同一尺寸的硬质合金刀片略大些。

　　A. 负倒棱　　　　B. 负前角　　　　C. 后角　　　　D. 前角

*18. 波形刃铣刀把原来由一条切削刃切除的宽切屑，分割成很多小块，大大减小了（　　），增加了（　　），使切削变形减少，铣削力和铣削功率下降。

　　A. 切削速度，背吃刀量　　　　B. 切削厚度，切削宽度

　　C. 切削宽度，切削厚度　　　　D. 背吃刀量，切削速度

19. 刻线式长度量规是在量规上按被检验长度的上极限尺寸和下极限尺寸刻两条线代替通规或止规中的工作表面。这种量规通常只能用来检验公差值大于（　　）mm 的零件。

　　A. 0.5　　　　　B. 0.1　　　　　C. 0.3　　　　　D. 0.2

20. 对于用缝隙透光方法测量工件尺寸的板式量规，在测量面上应倒角，使其量刃宽度 S 减至（　　）mm，以便于观察光隙。

　　A. 0.2～0.5　　　B. 1～2　　　　C. 2～4　　　　D. 0.5～0.8

（三）多项选择题（将正确答案的序号填入括号内）

1. 较复杂的箱体零件切削加工主要技术要求有（　　）。

　　A. 轴孔精度　　　　　　　　B. 轴孔相互位置精度

　　C. 轴孔与平面的相互位置精度　　D. 平面精度

　　E. 角度位置精度　　　　　　F. 铸件精度　　　　G. 时效处理

*2. 连杆加工过程中大部分工序采用的定位基准是（　　）。

　　A. 大头孔　　　B. 指定端面　　C. 小头孔　　　D. 工艺凸台

　　E. 工件侧面　　F. 两端圆弧　　G. 中间柄部

3. 铣削发展的主要方向是（　　）。

　　A. 微型加工　　B. 数控加工　　C. 大型工件加工　　D. 强力铣削

　　E. 阶梯铣削　　F. 多轴铣削　　G. 精密铣削

4. 铣削过程中引起铣削振动的原因有（　　）。

　　A. 铣削方式　　B. 铣刀刚性　　C. 工件刚性　　D. 装夹方式

　　E. 刀杆长度　　F. 铣刀材料　　G. 工件形状

*5. 在铣削过程中按一定的规律改变铣削速度，可以使铣削振动幅度降低到恒速铣削时的20%以下。可使变速铣削的抑振效果明显提高的主要措施有（　　）。

　　A. 增大变速幅度　　B. 提高进给速度　　C. 尽可能提高转速　　D. 提高变速频率

　　E. 减少铣削深度　　F. 增加铣削面积　　G. 变换进给速度

6.影响铣削加工精度的因素主要有（　　）。
　　A.铣床精度　　　B.铣刀精度　　　C.铣刀安装精度　　　D.夹具精度
　　E.工件装夹精度　F.铣刀振动　　　G.工艺及操作不当

7.铣削过程中控制和避免铣削振动的主要措施有（　　）。
　　A.变速铣削　　　B.合理选用铣刀结构尺寸　　C.合理选用铣刀角度
　　D.提高进给速度　E.减低铣削速度　　　　　　F.提高工艺系统刚度
　　G.增大夹紧力　　H.冲注合适的切削液

8.使用精度稍低于需求的铣床加工，应通过（　　）等主要措施来提高铣床的铣削精度。
　　A.调整铣削方式　B.对机床进行精度检测　　C.提高工件刚性
　　D.变换装夹方式　E.控制刀杆长度　　　　　F.合理的间隙调整
　　G.借助精度较高的测微量仪，以提高机床工作台的位移精度

9.采用普通铣床配置仿形装置进行仿形铣削形状比较复杂的零件表面时，应注意（　　）等，以提高型面加工精度。
　　A.铣削方式　　　B.合理选择仿形铣刀　C.仿形销形式　D.装夹方式
　　E.仿形仪灵敏度　F.铣刀材料　　　　　G.型面仿形方式

*10.采用拼组机床加工大型零件，具有的主要特点有（　　）。
　　A.大型零件绝大部分不做运动
　　B.工件仅做简单的回转运动或间歇分度运动
　　C.拼组机床没有专用的机座
　　D.拼组的机床部件根据零件的加工部位就位
　　E.加工装置按零件加工部位的要求，用通用机床或部件拼组而成
　　F.具有数显装置

11.铣削力的来源主要有（　　）等方面。
　　A.铣削层金属弹性变形　B.切屑塑性变形　　　C.工件表面金属弹性变形
　　D.铣刀与切屑的摩擦　　E.铣刀与工件的摩擦　F.铣刀变形　G.工件温度上升

12.导致铣削力大小、方向和作用点变化的原因主要有（　　）等方面。
　　A.铣削层金属弹性变形　B.切屑塑性变形　　　　C.工件表面金属弹性变形
　　D.铣刀与切屑的摩擦　　E.参加铣削的刀齿数变化　F.铣削厚度变化
　　G.工件温度变化　　　　H.铣削位置变化

13.作用在铣刀上的铣削分力，即铣刀所承受的总铣削力 F 可以分解成（　　）三个互相垂直的分力。
　　A.垂向力　　　B.横向力　　　C.背向力　　　D.纵向力
　　E.进给力　　　F.切削力　　　G.法向力

*14.影响铣削力的因素主要有（　　）等方面。

A. 刀具材料　　　　B. 刀具几何角度　　C. 刀具磨损程度　　D. 工件材料
E. 铣刀转速　　　　F. 铣刀形状　　　　G. 进给量

*15. 铣削力的计算比较复杂，铣削力是（　　）等方面的函数。
A. 铣削层金属弹性变形　　　　　B. 侧吃刀量 a_e　　C. 背吃刀量 a_p
D. 每齿进给量 f_z　　　　　　　E. 铣刀齿数 z　　　F. 铣刀直径 d_0
G. 工件温度

16. 铣削过程中控制积屑瘤的主要措施有（　　）方面。
A. 合理选用铣刀的结构　　　　B. 采用低速或高速切削
C. 增大铣刀的前角　　　　　　D. 减小铣削厚度
E. 对工件材料进行适当的热处理　F. 减小铣刀前面的粗糙度
G. 采用抗粘接性能好的切削液

（四）计算、分析、设计题

*1. 用数控铣床加工图 6-1 所示样板外轮廓，试通过 AutoCAD 绘图方法，计算获得各基点的坐标值。

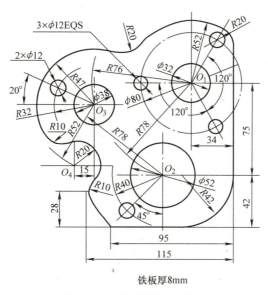

铁板厚8mm

图 6-1　外轮廓样板零件图

*2. 用数控铣床加工图 6-2 所示样板内轮廓，试通过 AutoCAD 绘图方法，计算获得各基点的坐标值。

*3. 用数控铣床加工图 6-3 所示扇形板轮廓、槽和内孔，试设定工件坐标系并通过 AutoCAD 绘图方法，计算获得各基点的坐标值。

*4. 用数控铣床加工图 6-4 所示凸凹模型腔，试通过 AutoCAD 绘图等方法，计算获得刀具中心轨迹各基点的坐标值。

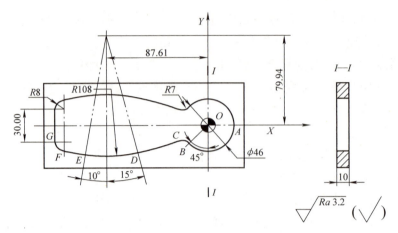

图 6-2 内轮廓样板零件图

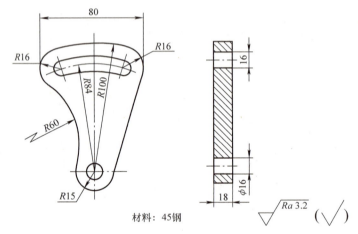

图 6-3 扇形板零件图

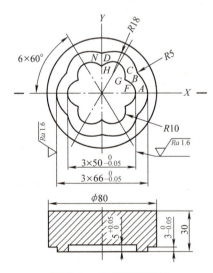

图 6-4 凸凹模零件图

5. 试分析在螺旋面铣削加工中应用双分度头解决小导程和大导程难题的传动系统原理。

6. 试分析圆盘凸轮加工中的顺逆铣和端面凸轮铣削中引起"凹心"现象的原因。

7. 试分析球面铣削加工的原理和椭圆孔铣削加工的原理，并用简图表示铣削加工位置和铣削运动方向。

8. 用龙门铣床铣削加工一机床导轨，导轨长度为1200mm，使用分度值为0.02mm/1000mm的框式水平仪（规格200mm×200mm）测量，测量时得出6个示值读数，依次为+2格、+1格、−1格、−1格、0格、+2格。试按端点连接法分别用图解法和计算法来确定其直线度误差。

9. 试按图6-5所示的简易仿形装置，分析说明铣削成形面的仿形过程，并按表6-3的成形面误差，分析产生误差的原因和调整措施。

表6-3　用仿形法铣削成形面误差分析

现象	原因	调整措施
型面部分太厚		
型面部分太薄		
左边缝隙大		
右边缝隙大		
工件型面与样板不符		

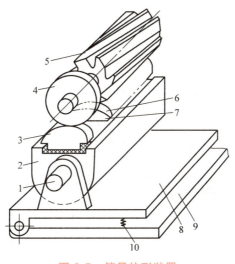

图6-5　简易仿形装置

1—轴　2—转体　3—模型　4—滚轮　5—铣刀　6—工件　7—垫块
8—上平板　9—下平板　10—弹簧

10. 试按图6-6所示的扁叉工件图和铣台阶的专用夹具，分析夹具的结构组成，各组成部分、元件的作用及其夹具的结构特点和使用维护方法。

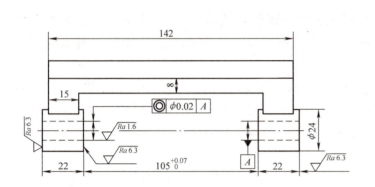
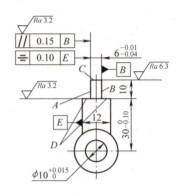

a) 扁叉工件

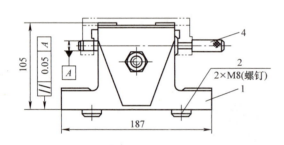
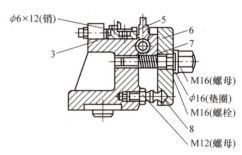

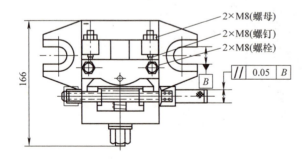

b) 专用夹具

图 6-6 扁叉工件和铣台阶专用夹具

1—夹具体 2—定位键 3—垫块座 4—插入式长销
5—自位支承 6—压板 7—弹簧 8—球形调节支承

四、参考答案及解析

（一）判断题

1. √	2. ×	3. ×	4. √	5. ×	6. ×	7. √	8. ×
9. √	10. √	11. ×	12. √	13. √	14. ×	15. √	16. ×
17. √	18. √	19. ×	20. √	21. √	22. ×	23. ×	24. √
25. √	26. √	27. √	28. ×	29. ×	30. ×	31. √	32. √
33. ×	34. ×	35. ×	36. √	37. ×	38. √	39. ×	40. √
41. √	42. ×	43. √	44. ×	45. √	46. √	47. √	48. ×
49. √							

（二）单项选择题

1. D	2. A	3. B	4. B	5. C	6. C	7. A	8. D
9. D	10. C	11. A	12. B	13. D	14. C	15. A	16. B
17. A	18. C	19. A	20. D				

（三）多项选择题

1. ABCD	2. BCD	3. DG	4. ABCDEG
5. AD	6. ACDEFG	7. ABCF	8. BFG
9. BCEG	10. ABCDE	11. ABCDE	12. EFH
13. CEF	14. ABCDEG	15. BCDEF	16. BCDEFG

（四）计算、分析、设计题

1. 解：用 AutoCAD 绘图方法计算获得的外轮廓零件加工基点坐标值如图 6-7 所示。

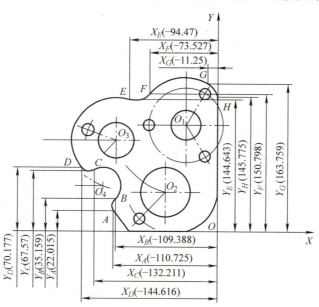

图 6-7　外轮廓样板零件坐标及基点坐标值

2. 解：用 AutoCAD 绘图方法计算获得的内轮廓样板零件加工基点坐标值如图 6-8 所示。

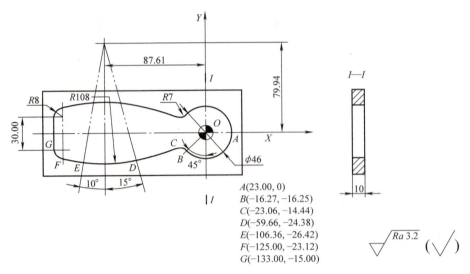

图 6-8　内轮廓样板零件坐标及基点坐标值

3. 解：用 AutoCAD 绘图方法计算获得的零件轮廓、槽和内孔加工基点坐标值如图 6-9 所示。

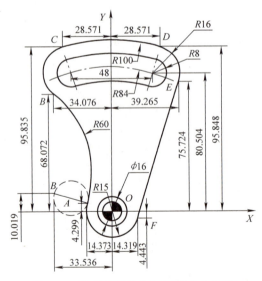

图 6-9　扇形板零件坐标及基点坐标值

4. 解：用 AutoCAD 绘图方法计算获得的凸凹模零件加工刀具中心轨迹基点坐标值如图 6-10 所示。

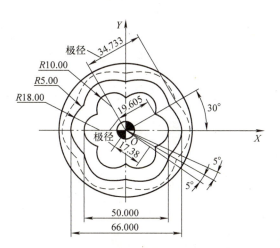

图 6-10　凸凹模零件坐标及基点坐标值

5. 答题要点提示

1）通过交换齿轮计算公式分析小导程螺旋面和大导程螺旋面的加工难点。

2）根据分度头的传动系统分析双分度头不同传动方式传动比的变化，说明双分度头解决小导程与大导程螺旋面加工难题。

6. 答题要点提示

1）圆盘凸轮铣削的进给运动是复合运动，因此顺逆铣的判断应由主运动与复合进给运动的关系确定。

2）端面凸轮螺旋面的种类及其特点，对中铣削时切削线与螺旋面素线的位置不符；螺旋面不同直径处的螺旋角不同，铣削时有干涉。

7. 答题要点提示

1）球面加工原理应包括球面的几何特点、截形圆、铣刀刀尖运动轨迹、铣刀回转运动和工件回转运动、铣削位置等内容。

2）椭圆加工原理应包括椭圆的几何特点、椭圆铣削加工时铣床主轴与进给方向夹角的几何关系等进行阐述。

8. 用两种方法分析解题

（1）图解法　作误差曲线图（图 6-11）

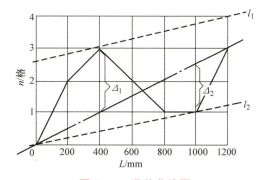

图 6-11　误差曲线图

由误差曲线可见

$$n = \Delta_1 + \Delta_2 = 2\text{格} + 1.5\text{格} = 3.5\text{格}$$

$$\Delta = ncl = 3.5 \times \frac{0.02\text{mm}}{1000\text{mm}} \times 200\text{mm} = 0.014\text{mm}$$

（2）计算法

1）测量示值读数。

2）计算平均读数 $\bar{n} = \dfrac{2+1-1-1+0+2}{6}\text{格} = \dfrac{1}{2}\text{格} = 0.5\text{格}$。

3）各段减去平均值。

4）得出各端点坐标值，最大值2，最小值 -1.5。

5）计算导轨直线度误差

$$n = |+2-(-1.5)|\text{格} = 3.5\text{格}$$

$$\Delta = ncl = 3.5 \times \frac{0.02\text{mm}}{1000\text{mm}} \times 200\text{mm} = 0.014\text{mm}$$

9. 答题提示

逐个分析仿形装置组成部分的作用，随后叙述仿形铣削过程，见表6-4。注意模型位置与仿形结果的关系。

表6-4 产生误差的原因和调整措施

现象	原因	调整措施
型面部分太厚	模型偏高	减薄模型下面的垫片
型面部分太薄	模型偏低	增厚模型下面的垫片
左边缝隙大	用样板检验时，产生左边缝隙大的原因是模型偏向右边	把模型左边的垫片减薄，右边的增厚
右边缝隙大	模型偏向左边	把模型右边的垫片减薄，左边的增厚
工件型面与样板不符	铣刀直径与滚轮直径不相等	换一个与铣刀直径相等的滚轮

10. 答题提示

夹具特点可从球形支承钉、压板和自位支承的斜面锯齿、插入式定位直销和自位支承，根据毛坯进行微调等方面展开。

理论模块 2　难加工材料加工

一、考核范围

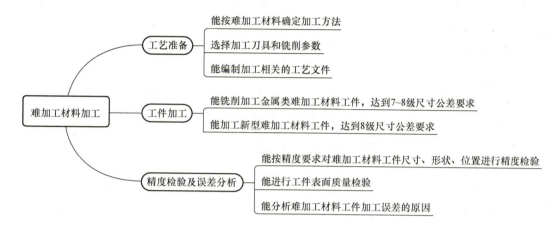

二、考核要点详解

知识点（难切削材料）示例 1（表 6-5）：

表 6-5　难切削材料加工知识点

概念	切削加工十分困难，切削加工性能差的材料称为难切削材料
特点	具有强度高、抗氧化能力强、耐高温等特点，含有各种合金元素
计算	切削加工系数计算
用途	制作模具等高强度、抗氧化能力强、耐高温的机械零件
分类	金属类：不锈钢、高温合金、钛合金等。非金属类：碳纤维、高分子材料等

知识点（高速切削）示例 2（表 6-6）：

表 6-6　高速切削加工知识点

概念	切削速度和进给量大幅度提高、切削力和切削温度降低的切削加工称为高速切削
特点	切削效率高、激振频率高、应用范围广，对机床的精度要求比较高
计算	切削用量选择计算
用途	可适用于各种难加工材料的切削加工、数控精细加工等
分类	难加工材料高速切削、精细部位的高速切削、高精度表面的高速切削等

三、练习题

（一）判断题（对的画√，错的画 ×）

1. 难加工材料往往具有强度高耐温高等特点，常含有大量的合金元素。（　　）

2. 铣削某种材料，在正常选择和使用铣刀的条件下，刀具寿命明显降低，该材料应作为难加工材料处理。（　　）

3. 铣削难加工材料时，因材料强度高，材料剪切应力一定很大，故切削温度高，

刀具磨损加快。（ ）

4. 铣削难加工材料时，因材料硬度高，加工硬化现象严重，会因剪切应力增大而使切削力增大。（ ）

5. 铣削塑性较大的难加工材料时，由于塑性变形小，切削负荷集中在刀具切削刃和刀尖上，加剧了刀具的磨损。（ ）

6. 铣削难加工材料时，强韧的切屑流经前面，会产生粘接和熔焊现象。（ ）

7. 铣削难加工材料时应选用含钴高速钢。（ ）

8. 铣削高温合金等难加工材料时，应选用较大螺旋角和刃倾角的铣刀。（ ）

9. 铣削高温合金等难加工材料时，不同的铣刀材料磨损较慢的温度范围不同，因此各类材料应选用合适的铣削速度。（ ）

10. 铣削难加工材料时宜采用顺铣。（ ）

11. 用硬质合金铣削难加工材料时不可使用切削液。（ ）

12. 铣削不锈钢时，f_z 应大于 0.20mm/r。（ ）

（二）单项选择题（将正确答案的序号填入括号内）

1. 难加工材料切削性能差主要反映在刀具寿命短、加工表面质量差、切屑形成和排出困难，以及切削力和单位切削功率大等四个方面，通常与一般材料相比较，只要（ ）较明显，即应按难加工材料处理。

  A. 某一方面 B. 某两方面 C. 四个方面

2. 在衡量切削性能难易程度时，应与一般的金属材料相比较，若发现（ ）较明显，便应在切削时按难加工材料进行分析处理。

  A. 切屑形成和排出困难 B. 加工表面光亮 C. 尺寸不稳定

3. 影响难加工材料切削性能的主要因素包括：硬度高、塑性和韧性好、导热系数低和（ ）等物理力学性能。

  A. 刀具积屑瘤严重 B. 铣床承受切削力大 C. 加工硬化现象严重

4. 材料的（ ）主要影响切屑的断屑，由于铣削是（ ）切削，因此影响比较小。

  A. 硬度；断续 B. 塑性；连续 C. 韧性；断续

5. 采用逆铣方式时，铣刀的（ ）摩擦增大较明显，因而促使切削温度升高。

  A. 后面与工件 B. 前面与切屑 C. 切削刃与工件

6. 难加工材料的变形系数都较大，通常铣削速度达到（ ）m/min 左右，切屑的变形系数达到最大值。

  A. 0.5 B. 3 C. 6

7. 铣削难加工材料时，加工硬化程度严重，切屑强韧，当强韧的切屑流经铣刀前面时，会产生（ ）现象堵塞容屑槽。

  A. 变形卷曲 B. 粘接和熔焊 C. 挤裂粉碎

8. 铣削高温合金时，高速钢铣刀在（　　）℃时磨损较慢，因此应选择合适的铣削速度。

　　A. 425~650　　　B. 750~1000　　　C. 1500~1800

9. 铣削高温合金钢时，硬质合金铣刀在（　　）℃时磨损较慢，因此应选择合适的铣削速度。

　　A. 425~650　　　B. 750~1000　　　C. 1500~1800

10. 对一些塑性变形大、高温强度高和加工硬化程度严重的材料，端铣时应采用（　　），以显著提高铣刀寿命。

　　A. 对称铣削　　　B. 不对称逆铣　　　C. 不对称顺铣

11. 用硬质合金铣刀切削难加工材料时，通常可采用（　　）。

　　A. 水溶性切削液　　B. 油类极压切削液　　C. 煤油

12. 采用高速钢铣刀铣削难加工材料，粗铣时的磨损限度通常为（　　）mm。

　　A. 0.6~0.8　　　B. 0.9~1.0　　　C. 0.4~0.7

13. 铣削不锈钢这种难加工材料时，铣刀寿命通常确定为（　　）min。

　　A. 90~150　　　B. 100~200　　　C. 120~150

14. 铣削难加工材料时，调整铣床主轴间隙是属于（　　）的改善措施内容。

　　A. 选择合适铣削方式　　B. 选择合理铣削用量　　C. 改善和提高工艺系统刚度

15. 铣削淬火钢时，可根据材料硬度选择适当的前角，材料硬度很高时，前角可取（　　）左右。

　　A. -8°　　　B. 0°　　　C. +8°

16. 铣削钛合金材料时，由于钛合金与碳化钛亲和力强，具有易产生粘接的特点，因此宜选用（　　）类硬质合金。

　　A. K（YG）　　　B. P（YT）　　　C. TiC

17. 铣削纯金属时，宜采用刃口锋利的铣刀，同时应选取较高的铣削速度，硬质合金的铣削速度可取（　　）m/min 左右。

　　A. 100　　　B. 150　　　C. 200

（三）计算、分析、设计题

1. 难加工材料的切削性能差主要反映在哪些方面？生产中有哪些常用的难加工材料？

2. 试分析铣削难加工材料应从哪些方面采取措施，举例予以说明。

3. 试分析难加工材料的分级与相对切削加工性系数的关系。

4. 试分析难加工材料采用新型高速铣削加工的优越性。

四、参考答案及解析

（一）判断题

1. √　2. √　3. ×　4. √　5. ×　6. √　7. √　8. √
9. √　10. √　11. ×　12. ×

（二）单项选择题

1. A　2. A　3. C　4. C　5. A　6. C　7. B　8. A
9. B　10. C　11. B　12. B　13. A　14. C　15. A　16. A
17. C

（三）计算、分析、设计题

1. 答：难加工材料切削性能差主要反映在以下方面：

1）刀具的寿命明显降低。

2）已加工表面的质量差，表面粗糙度值增大。

3）切屑形成和排出较困难。

4）切削力和单位切削切率大。常用的难加工材料有高锰钢、淬火钢、高强度钢、不锈钢、高温合金钢、钛合金以及纯金属（如纯铜）等。

2. 答：铣削难加工材料一般从以下几个方面采取改善措施：

1）选择适用的刀具材料。例如根据材料的特点，选择硬度和高温硬度均较好的含钴高速钢。

2）选择合理的铣刀几何参数。例如铣削钛合金时，铣刀前角一般取 0°～5°，后角取 4°～10°，主偏角取 45°～75°，刀尖圆弧半径取 0.5～1mm。

3）选择合理的铣削用量。例如铣削纯金属材料时，高速钢铣刀铣削速度取 50～100m/min。

4）选择合适的铣削方式。对一些塑性变形大，高温强度高和冷作硬化程度严重的材料，宜采用顺铣。

5）选择合适的切削液。硬质合金铣刀宜采用油类极压切削液。

6）合理确定铣刀磨损限度和使用寿命。例如铣削不锈钢，铣刀寿命为 90～150min，又如高速钢铣刀粗铣磨损限度为 0.4～0.7mm，精铣时为 0.15～0.5 mm。

7）改善和提高工艺系统刚度。如紧固暂不移动的工作台。

3. 答：难加工材料可按其相对切削加工性进行分级，当相对切削加工性系数 K_r > 1 时，表明该材料比 45 钢易切削；K_r < 1 时，表明比 45 钢难切削。

1）稍难切削材料。其相对切削加工性系数为 0.65～1.00，代表性材料有：调质 2Cr13（R_m = 834MPa）；85 钢（R_m = 883MPa）。

2）较难切削材料。其相对切削加工性系数为 0.50～0.65，代表性材料有：调质 40Cr（R_m = 1030MPa）；调质 65Mn（R_m = 932～981MPa）。

3）难切削材料。其相对切削加工性系数为 0.15～0.50，代表性材料：调质 50CrV、某些钛合金。

4）很难切削材料。其相对切削加工性系数小于 0.15，代表性材料：某些钛合金、铸造镍基合金。

4. 答：难切削材料的高速铣削加工的优越性：具有极高的切削效率；切削力、切削温度降低；工艺系统工作平稳，振动小；有效减少刀具磨损，提高零件加工表面质量；缩短生产周期，提高经济效益；适宜小尺寸结构要素零件的精细加工等。

*理论模块3 特形工件加工

一、考核范围

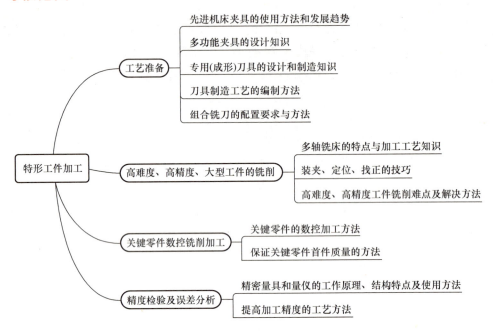

二、考核要点详解

知识点（组合夹具）示例1（表6-7）：

表6-7 组合夹具使用知识点

概念	由预先制造好的标准化夹具元件，根据被加工工件的工序要求组装而成的夹具称为组合夹具
特点	具有元件使用通用性和夹具功能专用性双重性的特点
用途	适用于各种零件的装夹，特别适用于小批量、高精度复杂零件的装夹
分类	槽系组合夹具和孔系组合夹具

知识点（组合铣刀）示例2（表6-8）：

表6-8 组合铣刀使用知识点

概念	根据铣削加工部位的特点，把适用的刀具进行合理的连接组装后进行加工的铣刀
特点	具有一次加工成形、组合成本低、生产效率高等特点
用途	应用于机床床身、工作台、悬梁、升降台等机床大型工件的组合连接面加工
分类	卧式组合铣刀和立式组合铣刀。连接方式：刀杆定位、中间轴定位、台阶定位

三、练习题

（一）判断题（对的画√，错的画 ×）

1. 滚子传动链是共轭啮合传动，齿形要求不高。　　　　　　　　　　　　（　　）

2. 采用修正系数 x 是为了使链条滚子能自如地进入和退出齿槽，达到链传动平

稳的目的。（　）

3. 错齿三面刃铣刀的两端端面齿是交错排列的。（　）

4. 铣削交错齿三面刃铣刀的步骤应是先铣削端面齿后铣削圆周齿，先铣削前面后铣削后面，最后控制棱边宽度。（　）

5. 铣削交错齿三面刃铣刀圆周螺旋齿槽时，定位轴应设置台阶定位面，以克服切削力产生的扭转力矩。（　）

6. 铣削交错齿三面刃铣刀螺旋齿槽时，若选用双角铣刀，其小角度面夹角应尽可能小。（　）

7. 铣削交错齿三面刃铣刀螺旋齿槽时，应使螺旋齿槽靠向双角铣刀小角度锥面刃或单角铣刀端面刃。（　）

8. 铣削交错齿三面刃铣刀螺旋齿槽时，若选用单角铣刀加工，工作台的实际转角应比螺旋角值略大些。（　）

9. 铣削交错齿三面刃铣刀螺旋齿槽时，考虑到干涉，可先按大于偏移量 s 来调整工作台横向位置。（　）

10. 铣削交错齿三面刃铣刀时，因齿分角为 $360°/z$，故分度时分度手柄应转过 $40/z$。（　）

11. 铣削交错齿三面刃铣刀螺旋齿槽，在螺旋齿槽方向转换时，应保持原有的交换齿轮，仅拆装惰轮。（　）

12. 铣削交错齿三面刃铣刀另一方向第一个螺旋齿槽时，应横向移动工作台进行齿间对中操作。（　）

13. 交错齿三面刃铣刀的端面齿应间隔保留，保留的应是负前角的端切削刃刀齿。（　）

14. 铣削交错齿三面刃铣刀端面齿时，若棱边宽度不一致，应用分度手柄按圈孔做微量调整。（　）

15. 检验交错齿三面刃铣刀螺旋齿槽槽形时应在法向截面内测量。（　）

16. 检验交错齿三面刃铣刀圆周齿的间距时，应通过测量同一齿两端齿尖与相邻齿的齿尖距离，并进行比较来获得实际误差值。（　）

17. 造成刀具螺旋齿槽槽底圆弧过大的主要原因是铣刀刀尖圆弧选择不当，导致过切量增大。（　）

18. 万能卧式铣床工作台左右螺旋扳转角度相差较大，会使交错齿三面刃铣刀相邻螺旋齿槽形状不一致。（　）

19. 铣削刀具螺旋齿槽时，若交换齿轮配置误差大，会引起前角值偏差增大。（　）

20. 铣削刀具螺旋齿槽时，铣成的螺旋齿槽法向截形与工作铣刀廓形是完全一致的。（　）

21. 在普通铣床上加工模具型腔时，首先应对模具型腔进行形体分解。（ ）

22. 由于模具图样比较复杂，因此操作者应首先画出模具成形件的立体图，然后再进行形体分解。（ ）

23. 修磨铣削模具的专用锥度立铣刀时，锥面在外圆磨床上修磨，后面和棱带由手工修磨。（ ）

24. 双刃的锥度立铣刀，若修磨不对称，会产生单刃切削或错向切削。（ ）

25. 修磨球面专用铣刀时，因改制的立铣刀或键槽铣刀前面已由工具磨床刃磨，因此只需修磨后面和棱带。（ ）

*26. 模具型面加工属于铣削加工的难题之一，对一些多部位相似或相同的型面，可应用数控镜像加工或缩放加工的指令进行加工。（ ）

*27. 使用数控铣床应用极坐标指令和子程序中的圆弧插补指令即可加工出高精度的等分圆弧槽零件。（ ）

（二）单项选择题（将正确答案的序号填入括号内）

1. 交错齿三面刃铣刀的同一端面上刀齿的前角（ ）。
    A. 均是负值   B. 均是正值
    C. 一半是正值另一半是负值   D. 负值或正值

2. 铣削交错齿三面刃铣刀齿槽时，使用带平键的心轴装夹工件，轴上平键的作用主要是防止（ ）。
    A. 工件沿轴向位移   B. 工件周向位移
    C. 心轴与分度头主轴错位   D. 工件振动

3. 铣削交错齿三面刃铣刀端面齿槽时，专用心轴通过螺杆与凹形垫圈紧固在分度头主轴上，嵌入分度头主轴后端的凹形垫圈的作用是（ ）。
    A. 防止螺杆头部妨碍扳转分度头   B. 增加心轴与分度头连接强度
    C. 减少螺杆长度   D. 提高心轴的定位精度

4. 铣削交错齿三面刃铣刀外圆齿槽时，应将图样上铣刀（ ）代入公式计算导程和交换齿轮。
    A. 平均直径   B. 实际外径
    C. 刀齿槽底所在圆柱面直径   D. 公称直径

5. 由于交错齿三面刃铣刀外圆齿槽有左、右螺旋之分，变换螺旋方向时，应（ ）以保证螺旋槽加工。
    A. 重新计算配置交换齿轮   B. 增减惰轮和相应扳转工作台方向
    C. 使分度头主轴转过2倍螺旋角   D. 工件调头装夹

6. 铣削交错齿三面刃铣刀齿槽时，应根据廓形角选择铣刀结构尺寸，同时还须根据螺旋角选择（ ）。
    A. 铣刀切削方向   B. 铣刀几何角度   C. 铣刀材料   D. 铣刀齿数

7. 铣削交错齿三面刃铣刀螺旋齿槽时，工作铣刀的刀尖圆弧半径应（　　）工件槽底圆弧半径，当螺旋角β值越大时，刀尖圆弧半径应取（　　）值。

　　A. 大于；较小　　　B. 等于；较小　　　C. 大于；较大　　　D. 小于；较小

8. 选用单角铣刀铣削交错齿三面刃铣刀螺旋齿槽时，工作台扳转角度应比螺旋角β值大（　　）。

　　A. 5°～10°　　　B. 0.5°～1°　　　C. 10°～15°　　　D. 1°～4°

9. 铣削交错齿三面刃铣刀螺旋齿槽时，为了使左右旋齿槽均匀分布，螺旋方向转换后须做对中操作，对刀时应先使（　　），然后逐步调整，直至准确。

　　A. 前面一侧略小一些　　　　　　B. 前面一侧略大一些
　　C. 与前面和后面距离相等　　　　D. 刀尖在齿面任意位置

*10. 铣削交错齿三面刃铣刀螺旋齿槽时，由于干涉，铣成的前面与端面的交线一般是（　　）。

　　A. 凸圆弧曲线　　　B. 直线　　　C. 凹圆弧曲线　　　D. 折线

11. 铣削交错齿三面刃铣刀端面齿槽时，因周齿前面与端面交线是凹圆弧曲线，找正和对刀时需（　　）。

　　A. 调整工作台横向偏移量　　　　B. 调整工作台垂向位置
　　C. 调整分度头主轴倾斜角　　　　D. 调整分度手柄和工作台横向偏移量

12. 铣削交错齿三面刃铣刀端面齿槽时，若前面连接较平滑，而棱边出现内外宽度不一致，应微量调整（　　）。

　　A. 工作台横向偏移量　　　　　　B. 分度头主轴倾斜角
　　C. 分度手柄　　　　　　　　　　D. 工作台垂向位置

13. 铣削交错齿三面刃铣刀螺旋齿槽时，发现齿槽前刀面凹圆弧明显，应检查（　　）等进行分析。

　　A. 导程、工作台转角与铣刀切向
　　B. 交换齿轮惰轮个数、工件上素线位置和工件坯料精度
　　C. 分度头精度、工作台横向偏移量和铣刀廓形角
　　D. 铣刀的磨损情况

14. 铣削交错齿三面刃铣刀螺旋齿槽时，发现前角值偏差较大，应检查（　　）等进行分析。

　　A. 分齿精度和铣刀廓形角　　　　B. 工作台横向偏移量和交换齿轮
　　C. 工件上素线位置和铣刀刀尖圆弧　D. 分度头啮合间隙

（三）多项选择题（将正确答案的序号填入括号内）

*1. 铣床发展的三大基本类型是（　　）。

　　A. 工具铣床　　　B. 专用铣床　　　C. 数控铣床　　　D. 升降台铣床
　　E. 仿形铣床　　　F. 床身铣床　　　G. 龙门铣床

2. 铣床高速化发展包括（　　）等方面。
   A. 冷却冲注　　　B. 自动进给　　　C. 主轴转速　　　D. 工件输送
   E. 工件装夹　　　F. 换刀　　　　　G. 快速进给
3. 数控铣床类机床发展的方向是（　　）。
   A. 高速度　　　　B. 专用铣床　　　C. 高精度　　　　D. 高效率
   E. 人工智能化　　F. 柔性化　　　　G. 自动化
4. 铣削加工常用的专用检具有（　　）。
   A. 游标卡尺　　　B. 千分尺　　　　C. 指示表　　　　D. 塞尺
   E. 光滑量规　　　F. 直线量规　　　G. 位置量规　　　H. 样板量规
5. 位置量规的工作部位包括（　　）。
   A. 测量部位　　　B. 定位部位　　　C. 导向部位　　　D. 刻线部位
   E. 握手部位　　　F. 标记部位　　　G. 连接部位
6. 样板量规的种类较多，属于被测对象分类的是（　　）。
   A. 角度样板　　　B. 对刀样板　　　C. 半径样板　　　D. 阶梯样板
   E. 特形样板　　　F. 划线样板　　　G. 分度样板　　　H. 锉修样板

（四）计算、分析、设计题

1. 在立式铣床上用F11125分度头采用展成法加工滚子链轮。链轮的主要加工参数为：齿距$p = 19.05$mm，齿数$z = 36$，齿沟圆弧$d_r = 11.91$mm，分度圆直径$d_实 = 145.95$mm，实测外径尺寸$d = 154.90$mm，理论外径尺寸$d_a = 154.99$mm。试计算各项加工数据。

2. 修配一齿形链链轮，测得其齿距为$p = 12.70$mm，齿数为$z = 31$，试计算：（1）分度圆直径d；（2）顶圆直径d_a；（3）齿槽角β和齿面角γ。

3. 在立式铣床上用$\phi 12$mm立铣刀兼铣直线端面齿形滚子链链轮齿沟圆弧和齿侧，链轮的参数为：节圆直径$d = 145.95$mm，外径$d_a = 157.75$mm，齿槽角$\beta = 60°$。试计算：（1）铣削链轮齿一侧时，工作台偏移量s和升高量H；（2）铣削另一侧时，工作台反向偏移量及升高量。

4. 用三面刃铣刀铣削一齿形链链轮，链轮参数和刀具参数为：铣刀宽度$B = 6$mm，齿数$z = 30$，齿距$p = 12.7$mm，工件外径$d_a = 120.83$mm，齿根圆直径$d_f = 105.8$mm，齿槽角$\beta = 24°$。试计算：（1）铣刀对中后，铣削一侧时工作台的偏移量s和升高量H；（2）铣削另一侧时工件的回转角和工作台的反向偏移量。

5. 选用F11125型分度头装夹工件，在X6132型铣床上铣削交错齿三面刃铣刀螺旋齿槽，已知工件外径$d_0 = 100$mm，刃倾角$\lambda_s = 15°$。试计算导程P_h、速比i和交换齿轮。

*6. 数控加工的基本原理是什么？什么是数控系统？什么是数控机床？简述多轴数控铣床的基本概念。

*7. 怎样在数控铣削中解决加工难题？简述仿形铣削与数控铣削的不同之处。

*8. 数控程序包括哪些基本组成部分？

*9. 数控铣削加工编程应掌握哪些基本指令？数控加工复杂特形工件时的造型、编程和仿真加工常应用哪些计算机软件？

*10. 简述数控铣床的发展趋势。

*11. 简述图 6-1 所示样板零件外轮廓的数控加工刀具路径和数控加工步骤等工艺要点。

*12. 简述图 6-2 所示样板零件内轮廓的数控加工刀具路径和数控加工步骤等工艺要点。

*13. 简述图 6-3 所示扇形板的数控加工刀具路径和数控加工步骤等工艺要点。

*14. 简述图 6-4 所示凸凹模零件的数控加工刀具路径和数控加工步骤等工艺要点。

（五）数控编程题

1. 按图 6-12 所示叶轮零件，应用计算机软件编制数控加工程序。

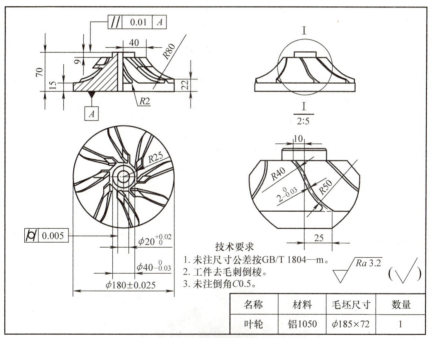

图 6-12　叶轮

2. 按图6-13所示五面体零件，应用计算机软件编制数控加工程序。

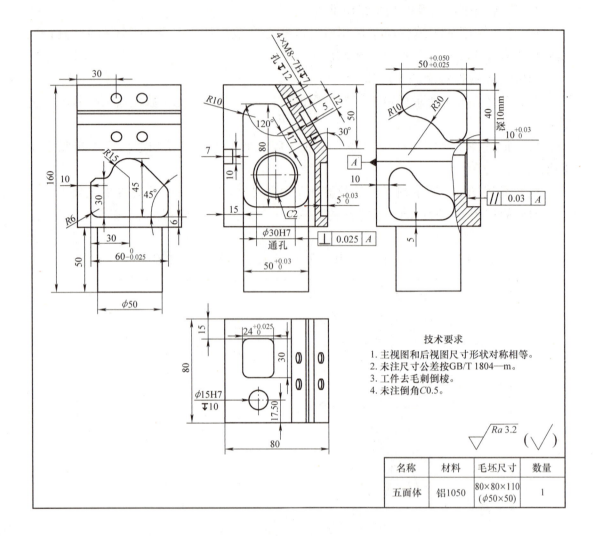

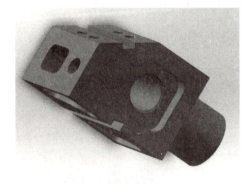

图6-13 五面体

3. 按图 6-14～图 6-16 所示配合件，应用计算机软件编制数控加工程序。

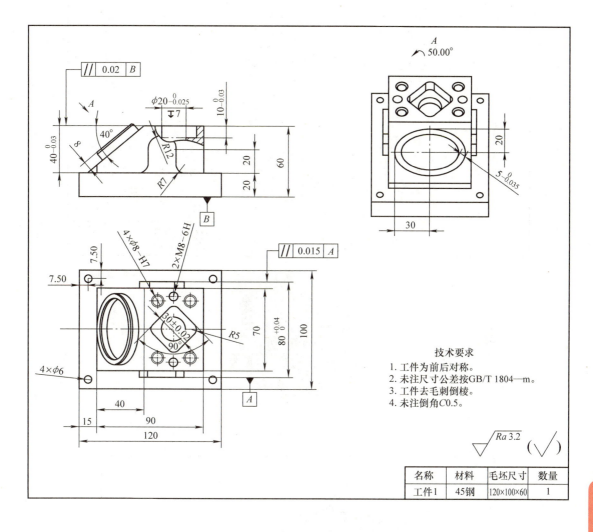

图 6-14　组合件 1

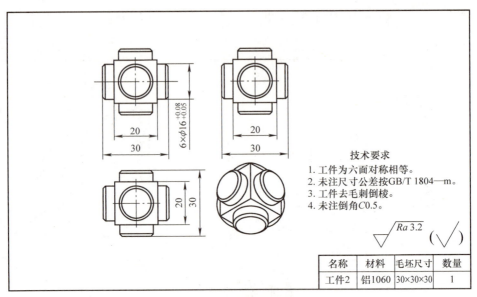

图 6-15　组合件 2

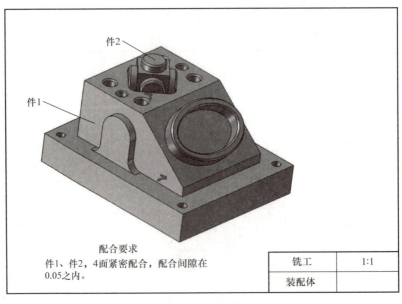

图 6-16　装配体

四、参考答案及解析

（一）选择题

1. ×　　2. √　　3. √　　4. ×　　5. ×　　6. √　　7. √　　8. √
9. ×　　10. ×　　11. √　　12. ×　　13. ×　　14. √　　15. √　　16. √
17. √　　18. √　　19. √　　20. ×　　21. √　　22. √　　23. √　　24. √
25. ×　　26. √　　27. √

（二）单项选择题

1. C　　2. B　　3. A　　4. D　　5. B　　6. A　　7. D　　8. D
9. B　　10. C　　11. D　　12. B　　13. A　　14. B

（三）多项选择题

1. DFG　　2. BCEFG　　3. ABCDEFG　　4. EFGH

5. ABC　　6. ACDEFH

（四）计算、分析、设计题

1. 解：

（1）刀具选择　　$d_0 \approx 1.01$　　$d_1 = 1.01 \times 11.91\text{mm} \approx 12.029\text{mm}$

取 $d_0 = 12\text{mm}$ 的标准立铣刀。

（2）交换齿轮计算

$$i = \frac{z_1 z_3}{z_2 z_4} = \frac{KP_{\text{丝}}}{\pi d} x = \frac{40 \times 6}{3.14 \times 145.95} \times 1.03 = 0.53940 \approx \frac{6}{11} = \frac{30}{55}$$

即 $z_1 = 30$、$z_4 = 55$。

（3）调整背吃刀量　　按链轮实际齿顶圆直径控制背吃刀量，即铣刀与工件切痕对刀后，工作台横向移动量为

$$\frac{154.90\text{mm} - 145.95\text{mm}}{2} = 4.475\text{mm}$$

取为 4.48mm。

（4）测量 d_f

$$d_f = d - d_1 = 134.04\text{mm}$$

答：立铣刀直径为 $\phi 12\text{mm}$，交换齿轮 $z_1 = 30$、$z_4 = 55$，背吃刀量为 4.48mm，齿根圆直径为 134.04mm。

2. 解：

（1）$d = \dfrac{p}{\sin\dfrac{180°}{z}} = \dfrac{12.7\text{mm}}{\sin\dfrac{180°}{31}} = \dfrac{12.7\text{mm}}{\sin 5°48'} = \dfrac{12.7\text{mm}}{0.1} = 127\text{mm}$

（2）$d_a = p\left(0.54 + \cot\dfrac{180°}{z}\right) = 12.7\text{mm} \times (0.54 + \cot 5°48')$

$= 12.7\text{mm} \times (0.54 + 9.845) \approx 131.89\text{mm}$

（3）$\beta = 30° - \dfrac{180°}{z} = 30° - \dfrac{180°}{31} = 30° - 5°48' = 24°12'$

（4）$\gamma = 30° - \dfrac{360°}{z} = 30° - \dfrac{360°}{31} = 30° - 11°36' = 18°24'$

答：分度圆直径为127mm，顶圆直径为131.89mm，齿槽角为24°12′，齿面角为18°24′。

3. 解：

（1）计算偏移量和升高量

$s = \dfrac{d}{2}\sin\dfrac{\beta}{2} = \dfrac{145.95\text{mm}}{2} \times \sin\dfrac{60°}{2} \approx 36.49\text{mm}$

$H = \dfrac{d_a}{2} - \dfrac{d}{2}\cos\dfrac{\beta}{2} + \dfrac{d_0}{2} = \dfrac{157.75\text{mm}}{2} - \dfrac{145.95\text{mm}}{2} \times \cos\dfrac{60°}{2} + \dfrac{12\text{mm}}{2} \approx 19.18\text{mm}$

（2）计算反向偏移量和升高量

$2s = 2 \times 36.49\text{mm} = 72.98\text{mm}$

$H = 19.18\text{mm}$

答：铣削链轮一侧时，工作台偏移量为36.49mm，升高量为19.18mm；铣削另一侧时，工作台反向偏移量为72.98mm，工作台升高量不变，仍为19.18mm。

4. 解：

（1）计算工作台偏移量和升高量

$s = \dfrac{d_f}{2}\sin\beta + \dfrac{B}{2} = \dfrac{105.8\text{mm}}{2} \times \sin 24° + \dfrac{6\text{mm}}{2} \approx 24.52\text{mm}$

$H = \dfrac{d_a}{2} - \dfrac{d_f}{2}\cos\beta = \dfrac{120.83\text{mm}}{2} - \dfrac{105.8\text{mm}}{2} \times \cos 24° \approx 12.09\text{mm}$

（2）计算工件回转角和反向偏移量

$2\beta = 2 \times 24° = 48°$

$$2s = 2 \times 24.52\text{mm} = 49.04\text{mm}$$

答：铣削一侧时，工作台偏移量为24.52mm，升高量为12.09mm；铣削另一侧时，工件回转角为48°，工作台反向偏移量为49.04mm。

5. 解：交错齿三面刃铣刀圆周齿的刃倾角 λ_s 值即为螺旋角 β 值，故

$$P_h = \pi d_0 \cot\beta = \pi \times 100\text{mm} \times \cot 15° = \pi \times 100\text{mm} \times 3.732 = 1172.4424\text{mm}$$

$$i = \frac{40 P_{丝}}{P_h} = \frac{40 \times 6}{1172.4424} \approx 0.2047$$

若取 $i = \dfrac{z_1 z_3}{z_2 z_4} \approx \dfrac{55 \times 30}{80 \times 100} = 0.20625$

$$\Delta_i = 0.20625 - 0.2047 = 0.00155$$

答：导程 $P_h = 1172.44$mm，交换齿轮速比 $i = 0.2047$，选用交换齿轮主动轮 $z_1 = 55$，$z_3 = 30$，从动轮 $z_2 = 80$，$z_4 = 100$。

6. 答：用数字化的代码将零件加工过程中所需的各种操作和步骤，以及刀具与工件之间的相对位移量等记录在程序介质上，送入计算机或数控系统，经过译码、运算及处理，控制机床的刀具与工件的相对运动，加工出所需要工件的一类机床称为数控机床。简而言之，用数字化信息控制的自动控制技术称为数字控制技术；用数控技术控制的机床，或者说装备了数控系统的机床，称为数控机床。

多轴数控机床是能同时控制除了X、Y、Z三个移动坐标轴外，至少还有1-2个旋转坐标轴的机床，将数控铣、数控镗、数控钻等功能组合在一起，工件在一次装夹后，可以对加工面进行铣、镗、钻等多工序加工，能缩短生产周期，提高加工精度。

*7. 答：零件轮廓形状相似的，可应用比例缩放指令进行加工；零件形状对称的可应用镜像加工指令进行加工；精度要求高的配合零件可应用刀具半径补偿指令进行加工和尺寸精度补偿控制；配合精度要求高的零件轮廓可应用同一程序、刀具进行左右补偿的方法进行加工；具有圆周分布的孔加工可应用极坐标或坐标旋转指令进行加工。

机械产品精密复杂，精度要求高，形状复杂，批量小，普通机床或专用化程度高的自动化机床已不能适应这些要求。为了解决上述问题，数控机床应运而生。现在的数控机床已经有很多功能了，比如三坐标、四坐标、五坐标机床能做出很多结构形状比较复杂的零件。

仿型铣床至少要有两个主轴头，一头主轴靠在已经制作完的产品模具上面，另外一个主轴就根据第一个主轴头靠在模具上的形状来加工产品。数控铣削在普通铣削加工基础上集成了数字控制系统，依靠程序控制自动加工产品。

*8答：一个完整的程序由程序号、程序内容和程序结束符构成。

（1）程序号 为便于程序检索，程序开头应有程序号，程序号可理解为零件程序的编号，并表示该程序的开始。程序号常用字符"%"及其后面的4位十进制数表示，如%××××，4位数中若前面为"0"，则可省略。例如"%0101"等效于"%101"。在一些系统中，采用字符"O"或"P"及其后面的4位或6位十进制数表示程序号，如"O1001"。

（2）程序内容 程序内容由若干个程序段组成，每个程序段由一个或多个指令构成。

（3）程序结束符 程序结束时，以程序结束指令M02或M30等作为程序结束的符号，以表示整个程序的结束。

*9.答：通常应掌握准备功能G指令：例如G54（确定工件坐标系）；G00（快速移动指令）；G01（直线插补指令）；G02或G03（圆弧插补指令）等。辅助功能指令：例如M03或M04（主轴正转或反转指令）；M08、M09（切削液起动、停止指令）；M05（主轴停转指令）；M30（程序结束返回起始位置指令）等。S（主轴转速指令）、F（进给速度指令）、T（刀具指令）等。

现在市场上用的比较多的造型和编程软件有UG、Mastercam、PowerMILL、Cimatron、Hypermill、Solidcam等软件。用于仿真加工的软件有宇龙数控仿真、斯沃数控仿真、Machining数控仿真等软件。

*10.答：数控铣床包括各种应用数控系统控制的，具有铣削功能的数控铣床、各类数控专用铣床、数控铣镗床、数控仿形铣床、加工中心和复合加工中心等。

主要发展趋势包括：高速度、高精度和高效率，机床动态特性和静态特性的不断改善；人工智能化控制，产生了实时智能控制的新领域；柔性化和自动化，数控单机柔性化程度不断提高，"无人化"管理生产模式逐步趋于完善；复合化和多轴化，数控机床将朝着多轴、多系列控制功能的方向发展；高集成化发展，提高数控机床的运行速度、实现超大尺寸图形显示、图形动态跟踪和仿真等功能；网络化发展，将数控机床联网可实现远程控制和自动化操作；开放式发展，数控机床将可采用远程通信、远程诊断和远程维修。

*11.答：如图6-1所示，零件的数控加工工艺为：

① 工件坐标系零点设定在工件右下角底边与右侧的顶面交点，按零件图位置设定X、Y轴方向（图6-7）。

② 零件采用两个程序加工，一个程序加工外轮廓，另一个程序加工通孔孔系。

③ 孔系加工顺序：加工O_1通孔→加工O_2通孔→加工O_3通孔→加工O_3通孔左侧$\phi 12mm$通孔→加工O_1通孔圆周均布的三个$\phi 12mm$通孔→加工O_2通孔左侧$\phi 12mm$通孔。

④ 外轮廓刀具路径：铣底面（包括切入直线段）→铣左下角斜面至A→铣凸圆

弧至 B→铣凹圆弧至 C→铣凸圆弧至 D→铣凸圆弧至 E→铣凹圆弧至 F→铣凸圆弧至 G→铣凸圆弧至 H→铣右侧面→铣凸圆弧 R42mm（图 6-7）。

⑤ 选用 G41 指令执行刀具半径左补偿，G02/G03 指令加工各圆弧；选用指令 G81 加工各通孔。

⑥ 应用 CAD 等绘图软件求解基点坐标，如图 6-7 所示，本例解得外轮廓各基点坐标值：A（-110.725，22.015）；B（-109.388，35.159）；C（-132.211，67.57）；D（-144.616，70.177）；E（-94.47，144.643）；F（-73.527，150.798）；G（-11.25，163.759）；H（0，145.775）。

⑦ 通孔中心坐标：O_1（X-34.0，Y117.0）；O_2（X-55.4，Y42.0）；O_3（X-108.0，Y99.6）。

*12. 答：如图 6-2 所示，零件的数控加工工艺为：

① 工件坐标系零点设定在工件右端 ϕ46mm 圆弧上端面中心。

② 零件采用主程序调用子程序进行加工，子程序完成沿轮廓半精铣、精铣加工；主程序采用调用子程序方式和粗铣程序段完成内轮廓铣削加工，同时包括切入、切出路径等内容。

③ 内轮廓加工顺序：为了保证加工质量，采用加工中心粗铣，铣刀沿球形内轮廓，侧面留余量，铣削到深度，去除大部分余量。半精铣内轮廓时，使铣刀刀补参数设置直径大于铣刀实际直径，使内轮廓留有精铣余量。精铣内轮廓时，使铣刀的刀补参数设置等于铣刀的实际直径，使内轮廓达到图样精度要求。

④ 内轮廓刀具路径：本例工件坐标系原点设置在圆心 O 上（图 6-8），铣刀在（0，0，10）位置上沿 Z 轴负向切入工件后，在 XOY 平面中的移动轨迹为 O→A→B→C→D→E→F→G→g→f→e→d→c→b→a→O，最后沿 Z 轴正向退刀切离工件，完成内轮廓铣削过程。

⑤ 选用 G42 指令执行刀具半径右补偿，G02/G03 指令加工各圆弧。

⑥ 应用 CAD 等绘图软件求解基点坐标，如图 6-8 所示。

*13. 答：如图 6-3 所示，扇形板零件的数控加工工艺。

① 工件坐标系零点设定在工件顶面基准孔中心，按主视图位置设定 X、Y 轴方向，如图 6-9 所示。

② 加工顺序：加工基准孔，加工圆弧键槽，加工外轮廓。

③ 外轮廓刀具路径：工件左侧切入点 a 位置，Z 向进给至铣削深度→圆弧切入至 A 点→铣凹圆弧至 B 点→铣左侧连接圆弧至 C 点→铣削凸圆弧至 D 点→铣右侧连接圆弧至 E 点→铣右侧面至 F 点→铣下部连接圆弧至 A 点→圆弧切出至切出段终点 a→Z 向退刀。

④ 钻、铰基准孔加工选用 G81/G99 指令；加注切削液选用 M08/M09 指令；铣槽加工选用 G02/G03 指令；外轮廓加工选用 G02/G03 和 G01、G41/G40 刀具半径补

偿指令。

⑤ 采用两个程序进行加工。一个程序加工孔和圆弧键槽，一个程序加工外轮廓。分两次装夹加工零件。

⑥ 本例孔加工和键槽加工采用中心轨迹编程，外轮廓按图样数据编程，外轮廓刀具轨迹和基点坐标值，如图6-9所示。

⑦ 本例外轮廓切入与切出点选定在左下侧圆弧R60mm和连接圆弧R15mm切点，采用圆弧切入和圆弧切出的方式进行加工。

*14. 答：如图6-4所示凸凹模零件的数控加工工艺为：

① 工件坐标系零点设定在工件端面外圆中心，按主视图位置设定X、Y轴方向（见图6-10）。

② 加工顺序：加工周边和中心部分余量，加工花瓣型面外轮廓，加工花瓣凹腔。

③ 型腔加工路径：定位工件坐标系中心上方→Z向进给至凹腔底部→铣中间余量→Z向退刀→定位铣周边余量起点上方→Z向进给至凸台底部→铣周边余量→返回参考点，换刀，定位BC圆弧中心→Z向进给至凸台底部→铣梅花形外轮廓→Z向退刀→定位内梅花形凹腔切入起点位置→Z向进给至凹腔底部→铣内轮廓梅花形圆弧→圆弧切出延伸段终点→Z向退刀。

④ 圆弧加工选用G03/G02指令；加注切削液选用M08/M09指令；G16/G15指令建立/取消极坐标。

⑤ 本例外轮廓花瓣采用中心轨迹编程，花瓣凹腔的中心轨迹和基点坐标值如图6-10所示。

（五）编程题

答题提示：参照铣工技师、高级技师教材类似相关内容。

理论模块 4 设备维护与保养

一、考核范围

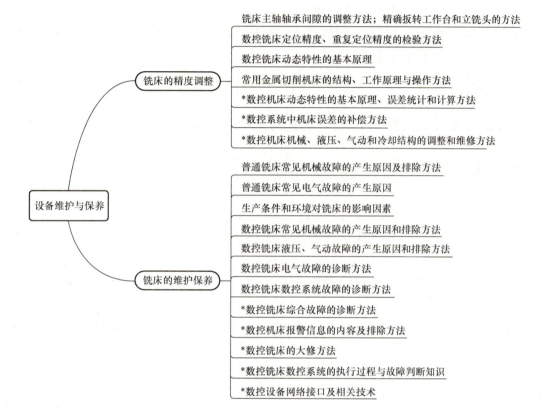

二、考核要点详解

知识点（机床故障的经验分析方法）示例 1（表 6-9）：

表 6-9 机床故障的经验分析方法知识点

概念	根据机床出现的故障现象，应用机床结构、系统等相关知识，采用经验实用诊断法进行故障原因、部位判断的方法
要点	实用诊断法采用"问""看""听""触""闻"等方法进行故障分析
用途	准确、快速判断故障的原因、部位，从而进行排除和维修

知识点（数控机床伺服系统）示例 2（表 6-10）：

表 6-10 数控机床伺服系统知识点

概念	是以机械位置或角度作为控制对象的自动控制系统，属于计算机或其他数控计算装置
特点	根据一定的指令并加以放大和转换，从而控制执行件的速度、位置和一系列位置所形成的轨迹
作用	接收发自数控系统的指令脉冲，经放大和转换后驱动执行元件实现预期的运动

159

三、练习题

(一) 判断题 (对的画 √, 错的画 ×)

1. X2010A 型龙门铣床的液压和润滑油路的最低压力均由压力继电器控制,当最低压力低于调定值时,机床不能起动。（　　）

2. X2010A 型龙门铣床液压控制系统中压力太低,管路有泄漏或油液不够,可能造成悬梁左右铣头无快速进给。（　　）

3. X2010A 型龙门铣床水平铣头采用二位三通电磁阀控制滑移离合器动作。（　　）

4. X2010A 型龙门铣床悬梁夹紧机构失灵与夹紧压板间隙调整不统一无关。（　　）

5. X2010A 型龙门铣床液压系统中因油质不符合要求而使过滤器严重堵塞后,会使压力继电器失灵。（　　）

6. X8126 型万能工具铣床的主轴轴承均为滚动轴承。（　　）

7. X8126 型万能工具铣床水平铣削时工件表面有明显波纹,主要原因是主轴前端滚动轴承磨损。（　　）

8. X8126 型万能工具铣床主轴箱内产生沉重的声音,是由变速齿轮轮齿断裂或磨损引起的。（　　）

9. X8126 型万能工具铣床主轴产生闷车或有减速现象是由电动机故障引起的。（　　）

10. 双柱液压仿形铣床的仿形装置不能仿形的故障常见原因之一是偏心位置不正确。（　　）

11. 双柱液压仿形铣床仿形液压马达配油盘磨损不均匀,造成严重泄漏,会直接影响仿形精度。（　　）

12. 简易数控铣床液压系统液压泵不供油的原因之一是油的黏度过低,使叶片运动不灵活。（　　）

13. 简易数控铣床液压泵的油温过高是由于液压泵的压力过高,油的黏度过低引起的。（　　）

14. 简易数控铣床导轨润滑不良的原因之一是没有气体动力源,或分油器堵塞。（　　）

15. 简易数控铣床的运动部件产生爬行,可能是高压腔向低压腔内泄造成的。（　　）

16. 简易数控铣床气动系统中影响运动零件灵敏度的原因之一是压缩空气中的油微粒所造成的油泥阻碍换向阀阀芯。（　　）

17. 简易数控铣床的气动系统压缩空气中不能有润滑油。（　　）

（二）多项选择题（将正确答案的序号填入括号内）

1. X2010A型龙门铣床的液压装置包括（　　）部分。
   A. 油箱　　　　　B. 齿轮变速箱　　C. 动力头　　　　D. 液压泵
   E. 溢流阀　　　　F. 减压阀　　　　G. 电磁阀　　　　H. 压力继电器
   I. 管路

2. X2010A型龙门铣床垂直铣头进给箱无机械传动动作的主要故障原因有（　　）。
   A. 进给箱电动机故障　　　　　B. 油量不足
   C. 进给箱电器控制线路故障　　D. 传动齿轮损坏
   E. 电磁阀故障　　　　　　　　F. 联轴器机构损坏
   G. 传动链中断

3. X8126型万能工具铣床有（　　）等主要部件。
   A. 油箱　　　　　B. 液压泵　　　　C. 可倾工作台　　D. 回转工作台
   E. 分度装置　　　F. 立铣头　　　　G. 电磁阀　　　　H. 固定工作台
   I. 插削头

4. X8126型万能工具铣床垂直铣削加工件表面有明显波纹，主要故障原因有（　　）。
   A. 推力轴承磨损　　　B. 前轴承磨损　　　C. 上端轴承磨损
   D. 轴承锁紧螺母过紧　E. 前轴承锁紧螺母松动　F. 传动丝杠磨损

5. 铣床气动系统的常见故障有（　　）。
   A. 动力不足　　　　　　B. 控制失灵　　　　C. 运动部件灵敏度过高
   D. 运动部件灵敏度降低　E. 运动速度失调　　F. 工作压力失调

6. 铣床气动系统的预防性维护的要点有（　　）。
   A. 保证气动元件中运动零件的灵敏性
   B. 提高控制精度
   C. 降低运动部件灵敏度
   D. 保持气动系统的密封性
   E. 保证空气中含有适量的润滑油
   F. 保证压缩空气的洁净

（三）计算、分析、设计题

1. 试分析立式铣床主轴有轴向窜动故障的原因和故障排除与检修的方法。
2. 试分析铣床主轴高速旋转时温升过高的故障原因和故障排除与检修方法。
3. 试分析立铣主轴变速失灵或动作缓慢的故障原因和故障排除与检修方法。
4. 试分析工件加工后两垂直面不垂直的故障原因和故障排除与检修方法。
5. 试分析普通铣床进给变速箱变速手柄定位不准或变速失灵的故障原因和故障排除与检修方法。

四、参考答案及解析

（一）判断题

1. √   2. √   3. ×   4. ×   5. √   6. ×   7. ×   8. √
9. ×   10. √   11. √   12. ×   13. ×   14. √   15. √   16. √
17. ×

（二）多项选择题

1. ADEFGHI   2. ACDFG   3. CDEFHI   4. BCE

5. ABDEF   6. ADEF

（三）计算、分析、设计题

1. 答：（1）故障原因分析

1) 主轴前端的双列短圆柱滚子轴承长期使用后磨损，产生轴向间隙。

2) 主轴的正反转动，引起主轴前端用以调整轴承间隙的锁紧螺母松动。

3) 角接触球轴承损坏，产生间隙而引起窜动。

4) 立铣头壳体前端控制主轴的法兰盘螺钉松动、断裂，引起主轴轴向窜动。

（2）故障排除与检修

1) 更换双列短圆柱滚子轴承，并注意检查轴承的精度。

2) 重新调整和锁紧控制主轴轴承的锁紧螺母，使主轴的轴向窜动保持在0.01mm尺寸公差以内，并检查锁紧螺母上的止退爪形垫圈是否损坏。

3) 更换损坏的角接触球轴承。

4) 重新旋紧立铣头壳体上法兰盘螺钉，更换已断裂的螺钉。

2. 答：（1）故障原因分析

1) 立铣头主轴端轴承组的间隙调整过小，造成主轴本身旋转困难，甚至转不动。

2) 立铣头主轴润滑系统有故障或根本无润滑油，造成立铣头主轴旋转时干摩擦而产生温升过高，严重时会使轴承烧坏，主轴不转。

（2）故障排除与检修

1) 重新调整立铣头主轴端轴承的间隙，使之既符合精度要求又能运转自如。

2) 检查并调整立铣头主轴系统的润滑，使管路完整，润滑油畅通，并检查润滑油液是否符合要求，定期清洗滤油装置。

3. 答：（1）故障原因分析

1) 主轴变速箱内变速滑移齿轮损坏，或是与其啮合的传动齿轮同时损坏，造成变速时某一齿轮轴空转，而使变速失灵。

2) 滑移组合齿轮上连接销断裂，造成组合齿轮在滑移过程中互相脱开，而引起主轴变速失灵。

3) 拨动滑移齿轮的拨叉断裂，引起拨叉前部有动作而拨动齿轮无动作。

4）滑移齿轮与啮合齿轮在啮合时端面长期撞击而毛刺严重，造成变速时齿轮不易啮合。

5）主轴变速盘的变速机构中的滑块脱落或断裂，引起拨叉无动作而变速失灵。

（2）故障排除与检修

1）拆下变速齿轮箱，检查并更换已损坏的变速齿轮或传动齿轮，同时检查传动轴是否弯曲，如损坏应更换。

2）重新安装组合齿轮，并注意各连接尺寸的配合。

3）更换已断裂的拨叉。若无条件更换拨叉，则可通过焊接方法进行修复，但须注意焊接变形和尺寸链的控制。

4）修去各啮合齿轮端面的毛刺，检查调整啮合齿轮间距。

5）更换变速盘中变速机构的滑块或松动严重的销轴。

4. 答：（1）故障原因分析

1）工件的加工基准不准或有杂物垫在工件下面。

2）工件装夹不牢或工件上有毛刺，使得承受切削力后工件产生移动。

3）床身立柱导轨与升降台接触的镶条松动，造成机床本身精度变差。

4）上工作台与横向床鞍的间隙过大，使得工件在切削时产生晃动。

5）机床本身几何精度超差。

（2）故障排除与检修

1）找正工件加工基准，清除夹具或台面上的杂物与毛刺。

2）夹牢工件，修去工件上的毛刺。

3）调整床身立柱与升降台接触的镶条间隙，使其符合加工要求。若其磨损情况严重，则应通过二级保养或维修来恢复机床精度。

4）检查并消除上工作台与横向床鞍的间隙，调整镶条，检查压板。

5）通过二级保养或大修，恢复机床的几何精度。

5. 答：（1）故障原因分析：①变速手柄轴上十八档变速轮的定位弹簧疲劳失效或断裂；②定位销与定位轮中经常使用的几档因磨损而使间隙增大；③变速箱中圆柱曲线滑槽与拨叉滑块的间隙过大；④变速手柄轴与定位轮的销子断裂；⑤变速手柄轴与变速箱中圆柱曲线滑轮的连接平键与键槽磨损而使间隙增大，或平键、定位销断裂，造成无变速。

（2）故障排除与检修：①更换变速轮疲劳失效或断裂的定位弹簧；②更换变速定位轮与定位销，但切不可采用焊补方法来修补磨损齿轮，因为该定位轮的齿有等分要求，并有相当高的硬度，而焊补方法会破坏齿的等分精度且使硬度下降，而更容易磨损；③拆下变速箱，修复圆柱曲线滑槽与拨叉滑块的配合间隙，或更换滑块，若其磨损严重，则应更换圆柱曲线轮；④更换定位轮与变速轴的连接锥销，并对锥孔进行复铰；⑤更换平键。若变速手柄轴上键槽磨损严重，则应修复或更换新轴。

理论模块 5　技术管理

一、考核范围

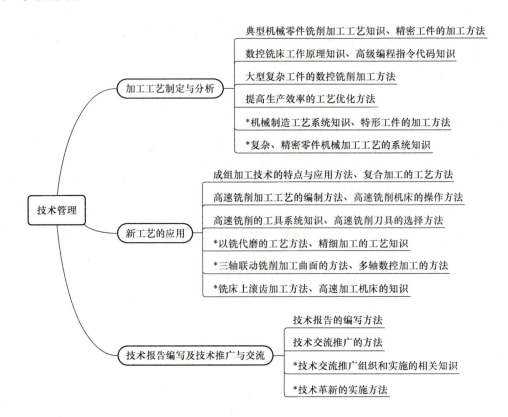

二、考核要点详解

知识点（成组技术）示例 1（表 6-11）：

表 6-11　成组技术知识点

概念	将多种产品按其组成零件的相似性准则分类成组，按零件组进行工艺准备和加工
特点	具有主体件工艺、便于应用可调性成组夹具、便于采用先进设备和多工位加工、便于采用流水线生产管理
用途	以一组零件的批量代替一种零件的批量，扩大了生产批量，便于应用先进工艺和制造技术

知识点（多轴机床加工）示例 2（表 6-12）：

表 6-12　多轴机床加工知识点

概念	多轴机床加工指的是四轴及轴数多于四轴的机床加工，是一般多轴机床在具有基本的直线轴（X、Y、Z）的基础上增加了旋转轴或摆动轴，而且可以在计算机数控（CNC）系统的控制下同时协调运动进行的加工

	（续）
特点	1）可有效避免刀具干涉，加工三轴机床无法加工的复杂曲面（如倒钩曲面）等 2）一次装夹就能完成工件的全部或大部分加工，减少了装夹、找正的次数 3）刀具形状尺寸得到改善，延长了刀具寿命 4）加工过程中刀具方位更优化，加工表面精度和质量更高 5）生产工序集中化，有效提高加工效率和生产效率
用途	适用于某些多种空间结构集于一体的多面孔系类零件和复杂空间曲面的模具类零件等

三、练习题

1. 按图6-17所示零件设计绘制铣削三等分槽的简易夹具总图，并对主要组成部分、定位元件和夹紧元件用文字说明设计的依据。

2. 按图6-17所示零件设计检测槽宽的专用检具。

3. 编制技能考核题（铣六角形配合）的铣削加工工艺，并对主要关键工序进行操作要点说明。

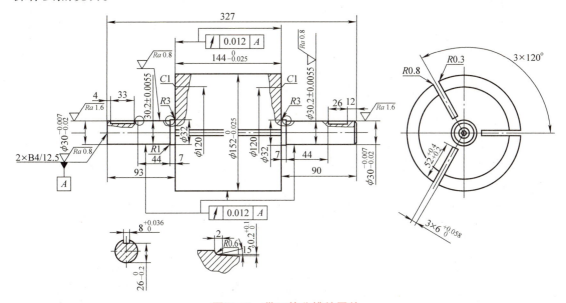

图6-17 带三等分槽的零件

4. 制订铣削加工模数为20mm、齿数为100的大型直齿圆柱齿轮的铣削加工方案。

5. 铣削加工铝合金薄形叶片，尺寸为4mm×50mm×150mm，平面度、垂直度和平行度公差均为0.025mm，尺寸公差为0.05mm，表面粗糙度值为$Ra0.8\mu m$。试制订铣削加工工件的工艺方案。

6. 铣削加工铝合金薄形叶片，尺寸为4mm×50mm×150mm，平面度、垂直度和平行度公差均为0.025mm，尺寸公差为0.05mm，表面粗糙度值为$Ra0.8\mu m$。若在铣削加工中发现大平面有振纹，试确定提高铣削加工精度的措施。

7. 按图 6-18 所示，组装铣削加工半圆键槽的组合夹具，进行组装精度检测，并用文字简要说明元件选择依据和组装过程。

8. 铣削加工模数为 3mm、齿数为 198 的直齿圆柱齿轮，现有的设备为 X6132 型铣床，试确定铣削加工方案。

9. 小批量加工一等高梯形齿离合器，齿槽深度为 8mm，槽底宽度为 5mm，槽侧斜度为 15°，试设计尖齿专用成形铣刀，绘制简图并用文字说明设计依据。

10. 试分析柴油机连杆盖和连杆体的图样（图 6-19、图 6-20）和制造工艺过程。

11. 专题论述铣削加工的发展趋势、铣床制造的发展趋势。

12. 专题论述成组加工的特点，并用实例介绍成组加工技术在生产实践中的应用方法和应用价值。

13. 以图 6-12 所示叶轮零件为例，介绍数控三轴联动加工曲面的工艺特点和基本方法。

14. 以图 6-13 所示五面体零件为例，介绍数控多轴加工的工艺特点和基本方法。

15. 以图 6-14 ~ 图 6-16 所示复杂、精密配合零件为例，介绍精密零件数控加工工艺的特点和基本方法。

16. 试分析数控精细加工的特点和基本方法。

17. 专题介绍铣床改装后进行滚齿加工的设备改装过程。

18. 专题介绍现代高速铣削加工的机床、刀具等工艺系统的特点和基本知识。

19. 专题介绍数控机床复合加工的优势和特点。

20. 以推广数控高速铣削、以铣代磨切削加工新技术为专题，编制技术推广的组织和实施方案。

21. 以拨叉类零件成组加工为例，编制进行成组技术应用的专题技术报告。

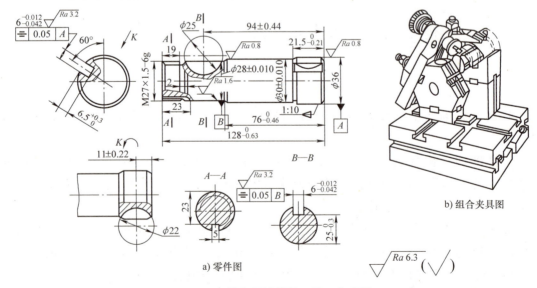

图 6-18 带半圆键槽的工件组合夹具

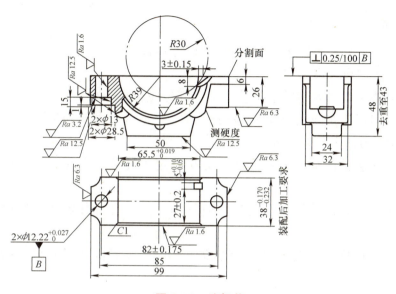

图 6-19 连杆盖

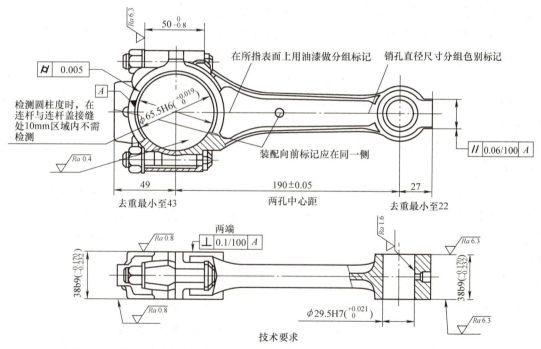

技术要求

1. 锻造拔模角不大于7°。
2. 在连杆的全部表面上不得有裂缝、发裂、夹层、结疤、凹痕、飞边、氧化皮及锈蚀等现象。
3. 连杆上不得有因金属未充满锻模而产生的缺陷,连杆上不得焊补修整。
4. 在指定处检验硬度,硬度为226~278HRB。
5. 连杆纵向剖面上宏观组织的纤维方向应沿着连杆中心线并与连杆外廓相符,无弯曲及断裂现象。
6. 连杆成品的金相显微组织应为均匀的细晶粒结构,不允许有片状铁素体。
7. 锻件须经喷丸处理。

材料:45钢

图 6-20 连杆体

四、参考答案及解析

1. 按定位、夹紧和对定装置的设计为基础进行阐述。

2. 按光滑量规设计方法设计。

3. 组合工件应逐件编制铣削工艺,配合部位应重点分析。

4. 采用拼组机床加工方法,注意设计动力铣头运动方向和加工位置、铣刀形式和参数、齿轮等分及其齿轮测量等主要加工难题。

5. 可参考高速铣削加工非铁金属的方法确定工件装夹方法、铣削用量和铣刀几何参数等。

6. 主要从工艺系统(机床、夹具、刀具和工件)进行分析并提出提高加工精度的措施。

7. 参考组合夹具的有关内容,重点说明组合方案元件选择和组装精度控制及检测等。

8. 采用机床改装的方法,可参考将工作台和转盘上半部拆下,然后在床鞍上安装回转工作台,使用指形齿轮铣刀进行铣削的方法。

9. 可参考用标准对称双角铣刀或指形齿轮铣刀改制。

10. 可参考铣工技师、高级技师教材工艺实例内容进行分析。

11. 可参考铣工技师、高级技师教材的内容进行专题论述。

12. 可参考铣工技师、高级技师教材成组技术的基础知识,结合应用实例进行专题论述。

13~15. 可参考铣工技师、高级技师教材类似工件的数控铣削工艺过程进行介绍,重点是应用软件造型和程序生成。

16. 分析内容提示:数控铣削加工工艺具有精细加工的工艺特点,精细加工的基础是高速切削,加工的量小、快进使切削力减小,切屑的高速排除,减少了工件受切削力和热应力变形的影响,提高了刚性差和薄壁零件切削加工的可能性。由于切削力的减小,转速的提高使切削系统的工作频率远离机床的低阶固有频率,而工件的表面粗糙度对低阶频率最为敏感,由此降低了表面粗糙度。薄壁零件的薄壁可达到 0.3mm 而不会变形,表面粗糙度可达到磨削加工的效果。

17. 以铣工技师、高级技师教材的内容为基础进行专题介绍和现场演示。

18. 以铣工技师、高级技师教材内容为基础,根据数控高速铣削的特点进行展开,重点分析机床高速主轴和刀具系统适应高速切削特点的内容。

19. 分析内容提示:数控铣削加工工艺具有复合加工的工艺特点,复合加工是数控机床的一个重要发展趋势,是指在柔性自动化的数控加工条件下,当工件在机床上一次装夹后,能完成同一类工艺方法的多工序加工(例如同属切削方法的车、铣、钻、镗、磨等加工)或者不同类工艺方法的多工序加工(例如切削加工、激光和超声加工），多轴数控机床能加工一个工件的五个面，从而能在一台机床上顺序地完成工件的全部或大部分加工工序。

20. 组织部分包括参与推广人员的结构、分工、观摩人员的组织等；实施方案包括具体的时间、地点、场所布置等，以及推广活动过程的安排等。

21. 技术报告的主题和相关内容、报告的目的和建议等。格式和内容应符合通用规范和企业的有关要求。

理论模块 6　培训指导

一、考核范围

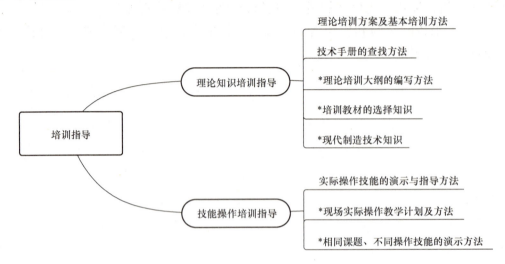

二、考核要点详解

知识点（理论培训指导）示例 1（表 6-13）：

表 6-13　理论培训指导知识点

概念	按培训大纲，在课堂或现场对培训对象进行理论知识的讲授和考核
要点	相关知识复习、知识系统提示、本课专题导入、专题正文内容、专题归纳总结、作业和提示等
用途	应用于对三级/技师以下本职业人员的理论培训指导

知识点（技能培训指导）示例 2（表 6-14）：

表 6-14　技能培训指导知识点

概念	按培训大纲，在课堂或现场对培训对象进行操作技能的讲授、演示、过程辅导和考核
要点	讲授、演示（示范）、辅导（指导）、效果评价等
用途	应用于对三级/技师以下本职业人员的操作技能培训指导

三、练习题

1. 按理论知识专题培训的要求，编写分析等螺旋角圆锥铣刀锥面齿槽铣削加工的难点和解决措施的理论培训提纲和讲义（讲义包括绘制的传动系统图）。

2. 按理论知识专题培训的要求，编写分析直齿锥齿轮加工后的接触斑点现象（见图 6-21），以及所对应的接触误差原因的理论培训提纲和讲义。

3. 按理论知识专题培训的要求，编写分析改进划线盘底座铣削加工工艺（图 6-22）的理论培训提纲和讲义。

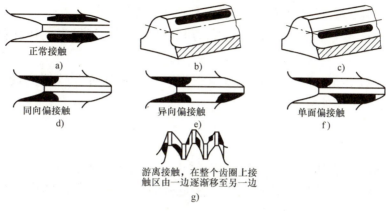

图 6-21 直齿锥齿轮加工后的接触斑点现象

4. 铣工专业理论培训讲义有哪些基本组成部分和要求？
5. 铣工专业理论培训讲义和提纲的编写应掌握哪些要点？
6. 铣工专业理论培训讲义使用应掌握哪些基本要求？
7. 铣工专业理论培训讲义修订应掌握哪些基本要求？
8. 铣工专业理论培训应掌握哪些基本环节？
9. 铣工实习操作指导包括哪些基本环节？
10. 试分析确定花键铣削加工演示操作的关键步骤和方法。

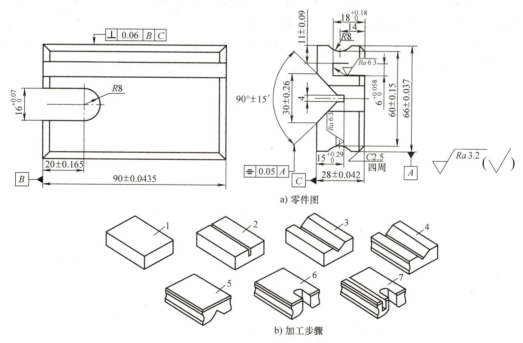

图 6-22 划线盘底座

1—铣六面体　2—铣 V 形槽窄槽　3—铣 V 形槽　4—铣侧面圆弧槽
5—铣周边倒角　6—铣半封闭槽　7—铣敞开式直角槽

11. 试分析确定螺旋槽铣削加工巡回指导的步骤和方法。

12. 如何对被指导者进行操作技能能力测定？如何对指导者的操作技能指导进行效果评价？

13. 按操作技能指导培训的基本要求，编写铣削后用光学仪器测量机床导轨面直线度的理论和实习培训讲义。

四、参考答案及解析

1~3. 提示：专题培训讲义与系统课程讲义的形式基本相同，通常包括与专题相关的基础理论和专业理论知识、专题内容的示例分析等。示例的内容分析可参考铣工技师、高级技师教材的类似示例。

4~9. 答：可参考铣工技师、高级技师教材相关内容。

10. 提示：按矩形花键的铣削要点，关键步骤演示包括中间槽切痕对刀、长度控制标记操作、键侧加工的分度和横向移动、键侧对称度和平行度、键宽尺寸精度控制、槽底圆弧的加工方法等。

11. 提示：主要辅导内容和步骤：配置交换齿轮、划线对刀法调整铣削位置、验证导程和螺旋方向、提示观察试运行、提示退刀操作方法、提示分度操作方法。

12. 提示：被指导者的能力测定主要通过课题练习和课题加工件的评分进行测定；也可以通过对被指导者的过程能力测定进行评价。指导者的指导效果评价主要通过被指导者课题作业件的测量平均得分进行评价。

13. 提示：参照铣工技师、高级技师教材相关内容，结合理论培训和技能培训的基本方法和要求进行编写，格式和专业用语等应符合相关标准和职业规范。

第 7 部分 操作技能考核指导

实训模块 1 成形面、螺旋面和曲面加工

实训模块 1 项目表见表 7-1。

表 7-1 实训模块 1 项目表

序号	实训项目内容	技能要求
1	螺旋锥铰刀齿槽铣削	1. 工艺准备：能设计铣削加工的专用夹具、专用量具、专用刀具；能分析夹具产生误差的原因；能估算刀具寿命，并设置相关的参数；能编制加工复杂模具型腔、五面体等工件的加工工艺卡和数控铣削加工程序；能利用 CAD/CAM 等软件对叶片等复杂工件进行实体和曲面造型及仿真加工 2. 型腔、型面和组合件的铣削：能铣削加工复杂型面（发动机机体、箱体等），达到 7 级公差等级要求；能铣削加工三件以上组合体，达到工件 7 级公差等级和配合 8 级公差等级要求 3. 大半径内、外圆弧面的铣削：圆弧面半径尺寸大于最大刀具直径尺寸，等径误差 ≤ 0.05mm，表面粗糙度值为 $Ra3.2\mu m$ 4. 曲面的铣削：能进行曲面加工，达到 7 级公差等级要求；能使用四轴及以上数控铣床对复杂模具型腔等工件进行加工，达到 8 级公差等级要求 5. 精度检验及误差分析：能使用专用、通用量具对发动机机体等型面、型腔进行精度检验；能自制样板对大半径圆弧面进行精度检验；能根据测量结果分析产生精度误差的原因
2	吊钩锻模（上、下模）铣削	
3	T 形配合件铣削	
4	大半径圆弧面铣削	
5	复杂零件数控铣削	

实训项目 1 螺旋锥铰刀齿槽铣削

● **考核目标**

螺旋齿槽铣削是典型的螺旋面铣削加工项目之一，锥面等螺旋角齿槽铣削是刀具齿槽铣削的难加工项目。项目考核要求：

① 齿槽位置精度要求：刀齿前角、螺旋角、刀齿等分精度等。
② 齿槽形状精度要求：齿槽角、齿槽圆角、齿背后角等。
③ 表面粗糙度要求：$Ra1.6\mu m$。
④ 交换齿轮的计算和配置。

● **考核重点**

非圆齿轮调速铣削法加工等螺旋角刀具锥面螺旋齿槽计算，铣削位置的调整与

铣削操作方法。

● **考核难点**

非圆齿轮传动系统配置、锥面螺旋齿槽对刀和铣削加工操作工艺过程。

● **试题样例**

1. 考件图样（图7-1）

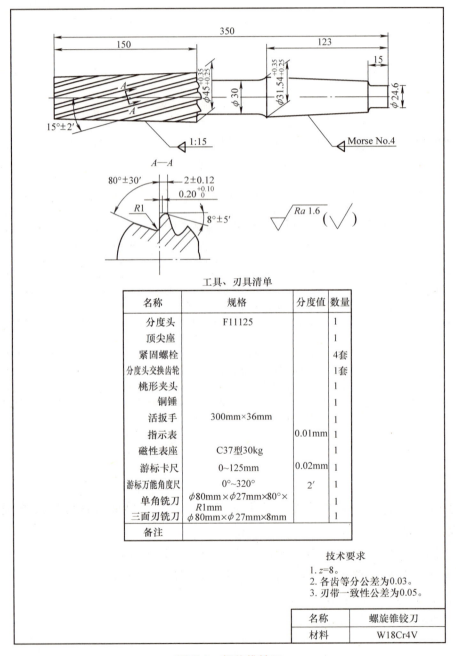

图 7-1 螺旋锥铰刀

2.考核要求

（1）考核内容

1）刀齿后角、螺旋角、齿等分度、齿槽角、棱边宽度一致性和表面粗糙度等符合图样要求作为主要项目。

2）齿槽角、接刀、齿等距误差和棱边宽度等符合要求作为一般项目。

（2）考核工时定额　4h。

（3）交换齿轮配置方法正确；不准使用专用夹具。

（4）安全文明生产　达到国家和企业标准与规定，工作场地整洁，工、量、卡具摆放整齐合理。

（5）考件有严重缺陷不予评分。

3.考核评分表

关注"大国技能"微信公众号，回复"技师7.1.1"查看本项目考核评分表。

实训项目2　吊钩锻模（上、下模）铣削

● **考核目标**

模具型面铣削是典型的曲面铣削加工项目之一，吊钩锻模型面铣削是锻模型面铣削的难加工项目。项目考核要求见实训模块1项目表（表7-1）。

● **考核重点**

模具型面形状、位置尺寸精度的控制方法，铣削位置的调整与铣削操作方法。

● **考核难点**

刀具选择或改制刃磨、检测样板制作、型面铣削对刀、错移量控制和铣削加工操作工艺过程。

● **试题样例**

1.考件图样（图7-2）

2.考核要求

（1）考核内容

1）合模后错移量0.20mm；柄部ϕ25mm、12.5mm、斜度3°；弯部ϕ40mm、R50mm、夹角45°；尖部和柄弯过渡部分符合图样要求作为主要项目（占总分的60%）。

2）其他尺寸和表面粗糙度符合要求作为一般项目（占总分的33%）。

（2）考核工时定额　10h。

（3）安全文明生产　达到国家和企业标准与规定，工作场地整洁，工、量、卡具摆放整齐合理（占总分的7%）。

（4）自行划线、改制刀具自磨；允许预先自制样板；上、下模各项合计评分。

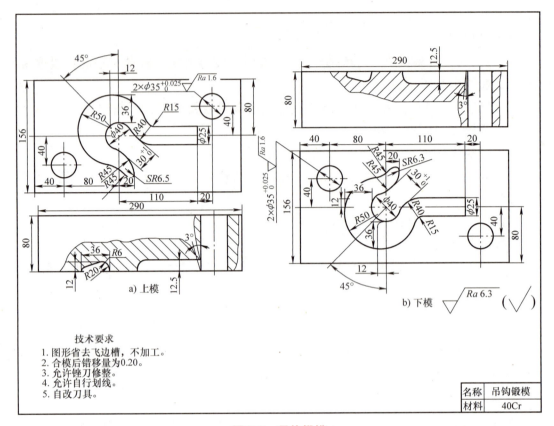

图 7-2 吊钩锻模

3. 考核评分表

关注"大国技能"微信公众号,回复"技师 7.1.2"查看本项目考核评分表。

实训项目 3　T形配合件铣削

● 考核目标

配合件铣削是典型的组合件铣削加工项目,T形配合件铣削是组合件铣削的难加工项目。项目考核要求见实训项目表(表7-1)。

● 考核重点

各组件的形状、位置、尺寸精度的控制方法,配合部位铣削位置的调整与铣削操作方法。

● 考核难点

各组件与标准预制件的配合间隙和移动距离控制、各组件分件考核的铣削加工操作工艺过程。

● 试题样例

1. 考件图样(见图7-3)

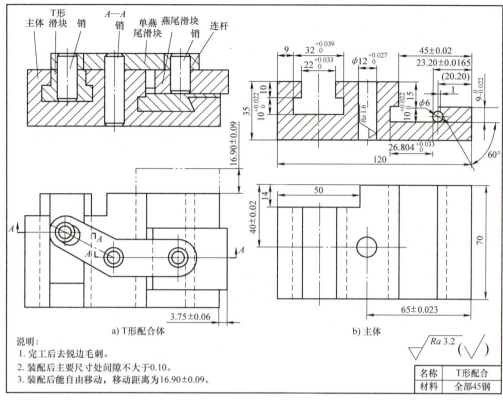

说明：
1. 完工后去锐边毛刺。
2. 装配后主要尺寸处间隙不大于0.10。
3. 装配后能自由移动，移动距离为16.90±0.09。

名称	T形配合
材料	全部45钢

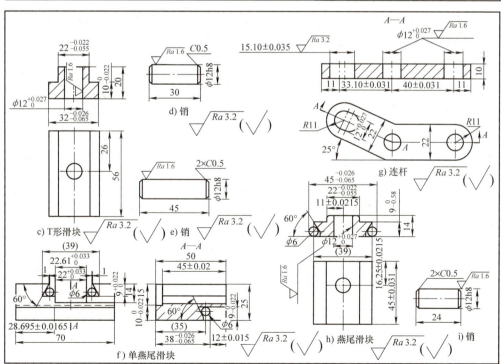

图 7-3　T形配合件

2.考核要求

（1）考核内容

1）装配后间隙小于0.10mm，移动距离及测量距离为（16.90±0.09）mm 和（3.75±0.06）mm，符合图样要求。

2）主体（图7-3b）、T形滑块（图7-3c）、单燕尾滑块（图7-3f）、燕尾滑块（图7-3h）等主要尺寸、几何公差符合图样要求作为主要项目（占总分的49%）。

3）其他精度要求较低的尺寸、表面粗糙度等符合图样要求作为一般项目（占总分的44%）。

（2）考核工时定额　24h（可分件考核）。

（3）安全文明生产　达到国家和企业标准与规定，工作场地整洁，工、量、卡具摆放整齐合理（占总分的7%）。

（4）装配后不能自由移动不予评分。

（5）分件考核时，间隙通过与预制的标准件配合后测量。

3.考核评分表

关注"大国技能"微信公众号，回复"技师7.1.3"查看本项目考核评分表。

实训项目4　大半径圆弧面铣削

● 考核目标

大半径圆弧面铣削是典型的成形面铣削加工项目，大半径圆弧面近似铣削法是圆弧面铣削的难加工项目。项目考核要求见实训项目表（表7-1）。

● 考核重点

大半径圆弧面的形状、位置尺寸精度的控制方法，大半径圆弧面加工铣削位置的调整、刀具选择、调整与铣削操作方法。

● 考核难点

凹凸圆弧面与标准预制件的配合间隙、大半径圆弧面近似铣削法加工计算和调整、铣削加工操作工艺过程和测量检验。

● 试题样例

1.考件图样（图7-4）

2.考核要求

（1）考核内容

1）圆弧面与标准预制件配合间隙；圆弧面半径（$R300±0.05$）mm 和（$R450±0.025$）mm；圆弧面与基准面的平行度、对称度公差0.025mm；圆弧面表面粗糙度值 $Ra3.2\mu m$ 等符合图样要求作为主要项目（占总分的56%）。

2）其他精度要求较低的尺寸、表面粗糙度等符合要求作为一般项目（占总分的37%）。

（2）考核工时定额　8h（可分两件考核，每件4h）。

（3）安全文明生产　达到国家和企业标准与规定，工作场地整洁，工、量、卡具摆放整齐合理（占总分的7%）。

（4）分件考核时，间隙通过与预制的标准件（或样板）配合后测量。

3. 考核评分表

关注"大国技能"微信公众号，回复"技师7.1.4"查看本项目考核评分表。

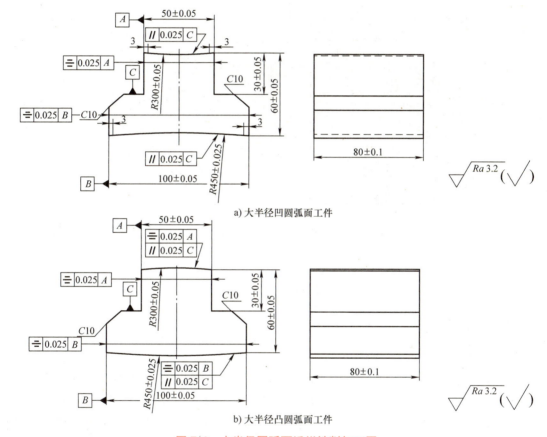

图 7-4　大半径圆弧面近似铣削加工图

实训项目5　复杂零件数控铣削

● 考核目标

复杂零件由多种结构要素组成，属于典型的综合性铣削加工项目，需要操作数控加工中心进行铣削加工。项目考核要求见实训模块1项目表（表7-1）。

● 考核重点

确定数控铣削工艺并编制数控工艺卡、手工编写数控铣削程序、按图样使用指定的机床和刀量具完成铣削加工。

● **考核难点**

图样分析、程序编制、铣削加工操作和测量检验。

● **试题样例**

1. 考件图样（图 7-5）

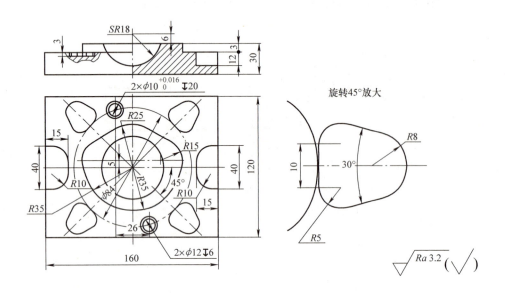

图 7-5　复杂零件

2. 考核要求

（1）考核内容

1）确定加工顺序、设定加工参数、选调刀具、编辑填写数控工序卡片和手工编写数控程序，输入程序代码、装夹工件和刀具，对刀并操作机床进行切削加工。保证 ϕ84mm、R35mm、R15mm、SR18mm、R25mm、孔径尺寸和表面粗糙度值 Ra3.2μm 等符合图样要求作为主要项目（占总分的 70%）。

2）其他精度要求较低的尺寸等符合要求作为一般项目（占总分的 23%）。

（2）考核工时定额　4h（超时 0.5h 不评分）。

（3）安全文明生产　达到国家和企业标准与规定，工作场地整洁，工、量、卡具摆放整齐合理；按数控铣床/加工中心的操作规程进行加工操作（占总分的 7%）。

3. 考核评分表

关注"大国技能"微信公众号，回复"技师 7.1.4"查看相关考核评分表。

实训模块 2　难加工材料加工

实训模块 2 项目表见表 7-2。

表 7-2　实训模块 2 项目表

序号	实训项目内容	技能要求
1	不锈钢工件铣削	1）工艺准备：能按难加工材料确定加工方法、选择加工刀具和铣削参数；能编制加工相关的工艺文件 2）工件加工：能铣削难加工材料工件，达到 7～8 级尺寸公差要求；能加工新型难加工材料工件，达到 8 级尺寸公差要求 3）精度检验及误差分析：能按精度要求对难加工材料工件尺寸、形状、位置进行精度检验；能进行工件表面质量检验；能分析难加工材料工件加工误差的原因
2	高强度钢模具外形、型腔修正铣削	
3	钛合金盘形工件铣削	
4	难加工材料工件数控高速铣削	

实训项目 1　不锈钢工件铣削

● 考核目标

不锈钢铣削是典型的难加工材料铣削加工项目，不锈钢涡轮转子叶根槽的铣削是难加工材料铣削的高难度加工项目。项目考核要求见实训模块 2 项目表（表 7-2）。

● 考核重点

用标准刀具和专用成形铣刀加工不锈钢涡轮转子枞树形叶根槽的基本方法（图 7-6）。

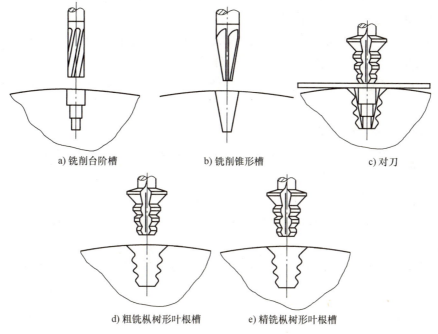

a) 铣削台阶槽　　　b) 铣削锥形槽　　　c) 对刀

d) 粗铣枞树形叶根槽　　　e) 精铣枞树形叶根槽

图 7-6　不锈钢涡轮转子枞树形叶根槽铣削加工步骤

● 考核难点

工艺系统刚度提高和标准铣刀的选用与改制方法；确定切削用量、选择适用的切削液；枞树形叶根槽的铣削加工精度控制和位置检测操作步骤。

● 试题样例

1. 考件图样（图7-7）

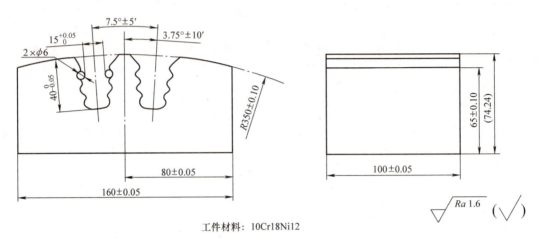

工件材料：10Cr18Ni12

图7-7 不锈钢涡轮转子枞树形叶根槽工件简图

2. 考核要求

（1）考核内容

1）枞树形叶根槽与外形对称平面夹角、两槽夹角；圆弧面半径（$R350 \pm 0.10$）mm；槽检测宽度和径向尺寸符合图样要求。

2）槽中心面与基准面的对称度公差0.025mm、槽侧表面粗糙度值$Ra1.6\mu m$等主要尺寸符合图样要求作为主要项目（占总分的54%）。

3）其他精度要求较低的尺寸、表面粗糙度等符合要求作为一般项目（占总分的39%）。

（2）考核工时定额　8h。

（3）安全文明生产　达到国家和企业标准与规定，工作场地整洁，工、量、卡具摆放整齐合理（占总分的7%）。

（4）坯件　坯件粗加工后留有余量≤3mm。

（5）摆动量检测　与预制的叶片标准件配合后测量间隙和叶片摆动量。

3. 考核评分表

关注"大国技能"微信公众号，回复"技师7.2.1"查看本项目考核评分表。

实训项目2　高强度钢模具外形、型腔修正铣削

● 考核目标

高强度钢铣削是典型的难加工铣削加工项目，高强度钢模具外形和型面的修正铣削是难加工材料铣削的常见难加工项目。项目考核要求见实训模块2项目表（表7-2）。

● **考核重点**

用标准刀具和专用成形铣刀修正加工高强度模具外形和型腔的基本方法。

● **考核难点**

工艺系统刚度提高和铣刀的选用与改制方法;确定切削用量、选择适用的切削液;外形和型腔修正铣削加工精度控制和位置检测操作步骤。

● **试题样例**

1. 考件图样(图 7-8)
2. 考核要求

(1)考核内容

1)模具外形尺寸位置与型腔形状和位置尺寸符合图样要求。

2)燕尾形状位置尺寸;各面与基准面的垂直度、平行度;型腔表面粗糙度值 $Ra3.2\mu m$ 等主要尺寸符合图样要求作为主要项目(占总分的 60%)。

3)其他精度要求较低的尺寸、表面粗糙度等符合要求作为一般项目(占总分的 33%)。

(2)考核工时定额 12h。

(3)安全文明生产达到国家和企业标准与规定,工作场地整洁,工、量、卡具摆放整齐合理(占总分的 7%)。

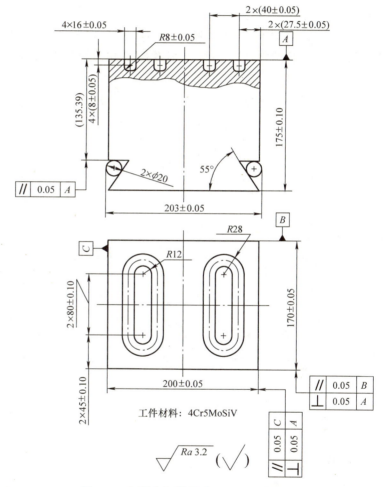

图 7-8 高强度钢模具外形、型腔修正工序

(4)坯件 坯件粗加工后留有余量≤3mm。

3. 考核评分表

关注"大国技能"微信公众号,回复"技师7.2.2"查看本项目考核评分表。

实训项目3 钛合金盘形工件铣削

● **考核目标**

钛合金铣削是典型的难加工材料铣削加工项目，钛合金（牌号TC1）圆盘的圆弧槽和孔的铣削加工是钛合金材料铣削的难加工项目。项目考核要求见实训模块2项目表（表7-2）。

● **考核重点**

用标准刀具和镗刀加工 α+β 类钛合金工件圆弧槽和孔的基本方法。

● **考核难点**

铣削钛合金材料铣刀、镗孔刀的选用与刃磨方法；确定切削用量、选择适用的切削液；镗孔和圆弧槽铣削加工精度控制和位置检测操作步骤。

● **试题样例**

1. 考件图样（图7-9）

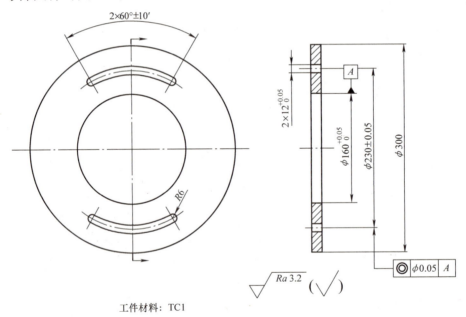

工件材料：TC1

图7-9 钛合金盘形工件铣削工序图

2. 考核要求

（1）考核内容

1）圆弧槽尺寸位置与基准孔形状和位置尺寸符合图样要求。

2）圆弧槽与基准孔的同轴度要求；孔壁和圆弧槽表面粗糙度值 $Ra3.2\mu m$ 等主要尺寸符合图样要求作为主要项目（占总分的73%）。

3）其他精度要求较低的尺寸、表面粗糙度等符合要求作为一般项目（占总分的20%）。

（2）考核工时定额 6h。

（3）安全文明生产　达到国家和企业标准与规定，工作场地整洁，工、量、卡具摆放整齐合理（占总分的7%）。

（4）坯件　坯件车加工外圆和两端面，应保证圆度、外径尺寸和与两端面的垂直度，圆盘厚度为15mm±0.025mm。

（5）加工后工件变形超过0.15mm，不予评分。

3.考核评分表

关注"大国技能"微信公众号，回复"技师7.2.2"查看相关考核评分表。

实训项目4　难加工材料工件数控高速铣削

● 考核目标

使用典型高速数控铣床或加工中心，合理选择高速切削刀具和切削参数，规划刀具路径（包括进退刀模式、走刀模式、移刀模式和刀具路径的拐角模式等），高速铣削粗加工、半精加工和精加工编程的基本方法。

● 考核重点

刀具和切削参数选择、刀具路径规划及机床加工操作。

● 考核难点

刀具和切削参数选择和刀具路径规划。

● 试题样例

1.考件图样（参见图7-8）

2.考核要求

（1）考核内容

1）按图样确定加工工艺；编制使用指定机床数控系统的高速铣削加工程序；合理选择高速加工使用的刀具和切削用量；按规范操作数控机床（占总分的20%）。

2）模具外形尺寸与型腔形状和位置尺寸符合图样要求。

3）燕尾形状位置尺寸；各面与基准面的垂直度、平行度；型腔表面粗糙度值 $Ra3.2\mu m$ 等主要尺寸符合图样要求作为主要项目（占总分的50%）。

4）其他精度要求较低的尺寸、表面粗糙度等符合要求作为一般项目（占总分的20%）。

（2）考核工时定额　8h（超时1h不予评分）。

（3）安全文明生产　达到国家和企业标准与规定，工作场地整洁，工、量、卡具摆放整齐合理；正确执行数控机床的安全生产操作规程（占总分的10%）。

（4）坯件　坯件粗加工后留有余量≤3mm。

3.考核评分表

关注"大国技能"微信公众号，回复"技师7.2.2"查看相关考核评分表。

*实训模块3　特形工件加工

特形工件加工实训模块项目表见表7-3。

表7-3　实训模块3项目表

序号	实训项目内容	技能要求
1	六角配合件铣削及工艺分析	1）工艺准备：能设计和制作高精度复杂工件的专用夹具和多功能夹具；能根据工件设计专用成形铣刀、编制制造工艺；能配置组合铣刀 2）高难度、高精度、大型工件的铣削：能掌握高精度、高难度工件装夹、找正和加工的具体操作方法；能分析和解决铣削加工工艺难题；能操作多轴铣床进行加工；能解决加工过程中的精度控制的难题 3）关键零件数控铣削加工：能制定关键零件的加工方案和加工工艺；能对关键零件的设计和工艺提出改进意见；能加工关键零件达到精度要求 4）精度检验及误差分析：能使用各类量仪和专用检具对特形工件进行测量；能分析特形工件加工误差产生的原因，并提出解决问题的具体方案
2	涡轮精铸模铣削及工艺分析	
3	直齿轮修配件及修配工艺分析	
4	专用夹具的专题分析和改进方案	
5	专用刀具的专题分析和改进方案	
6	叶片模具型面数控铣削工艺分析和改进	
7	五面体零件数控铣削工艺分析和改进	
8	复杂型面组合件数控铣削工艺分析和改进	

实训项目1　六角配合件铣削及工艺分析

● 考核目标

掌握复杂组合件铣削及工艺分析方法，具备加工关键零件达到精度要求的能力。

● 考核要求

1）工艺准备要求：掌握高精度、高难度工件装夹、找正和加工的具体操作方法；能分析和解决铣削加工工艺难题。

2）加工操作要求：能解决加工过程中的精度控制的难题。

3）精度检验及误差分析：具备复杂组合件检验、质量分析和改进的能力。

● 考核重点

掌握复杂组合件加工操作和精度控制能力。

● 考核难点

按图样拟定加工工艺和加工操作，复杂组合件的精度检验和控制。

● 试题样例

1.考核图样（图7-10）

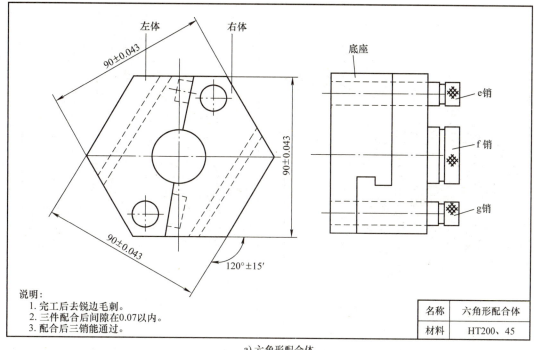

a) 六角形配合体

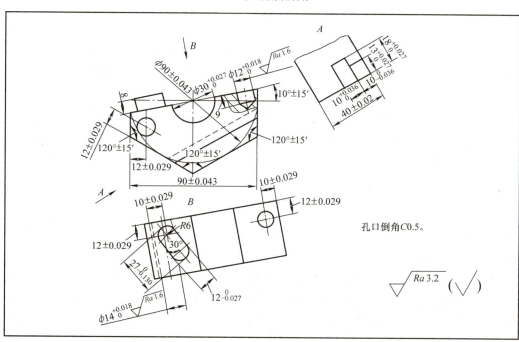

b) 左体

图 7-10 六角形配合组件

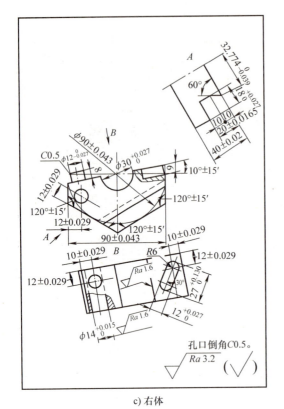

c) 右体

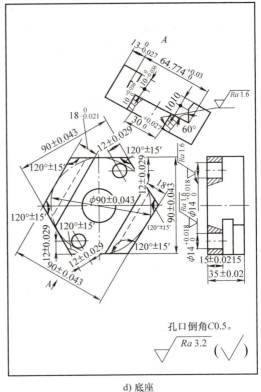

d) 底座

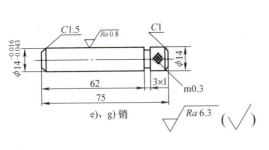

e)、g) 销

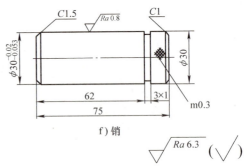

f) 销

图 7-10 六角形配合组件（续）

2. 考核要求

（1）考核内容

1）左体、右体和底座配合间隙在 0.07mm 以内，三只销能通过。

2）三件配合后六角外形（90±0.043）mm，左体 $18_{0}^{+0.027}$ mm 等主要尺寸和右体 $32.774_{-0.039}^{\ 0}$ mm 等主要尺寸符合图样要求。加工工艺分析和各组件铣削工艺计算机编制等作为主要项目。

3）左体、右体和底座精度要求较低的其他尺寸、外形角度和表面粗糙度符合要求作为一般项目。

（2）考核时间　22h（可分件进行考核）。

（3）安全文明生产　达到国家和企业标准与规定，工作场地整洁，工、量、卡具摆放整齐合理。

（4）三只销无法通过不予评分。

（5）分件考核时，间隙通过与预制的标准件配合后测量。

（6）工件加工完成后，对加工工艺进行的分析和计算机组件工艺编制由监考人员审核，不规范和不正确扣除评分表总得分20%。

3. 考核评分表

关注"大国技能"微信公众号，回复"高级技师7.3.1"查看本项目考核评分表。

实训项目2　涡轮精铸模铣削及工艺分析

● **考核目标**

掌握复杂模具型面铣削及工艺分析方法，具备复杂模具型面铣削达到精度要求的能力。项目考核要求：

1）工艺准备要求：掌握高精度、高难度模具型面装夹、找正和加工的具体操作方法；能分析和解决复杂模具型面铣削加工工艺难题。

2）加工操作要求：能解决加工过程中的精度控制的难题。

3）精度检验及误差分析：具备复杂模具型面检验、质量分析和改进的能力。

● **考核重点**

复杂模具型面加工工艺、操作和精度控制能力。

● **考核难点**

按图样拟定加工工艺和加工操作，复杂模具型面的精度检验和控制。

● **试题样例**

1. 考核图样（图7-11）

2. 考核要求

（1）考核内容

1）按图7-11上模一个凹形曲面和下模两个凸形曲面形成原理确定铣削加工工艺（包括工件装夹、定位、找正和加工操作、精度控制等）。

2）按图样部分型面数据表加工曲面符合图样要求、加工工艺分析和各部分铣削操作和精度控制、工艺改进方案等作为主要项目。

3）检测方法、质量分析和表面粗糙度符合要求作为一般项目。

（2）考核时间　6h。

（3）安全文明生产　达到国家和企业标准与规定，工作场地整洁，工、量、卡具摆放整齐合理。

（4）加工工艺不符合曲面形成原理不予评分。

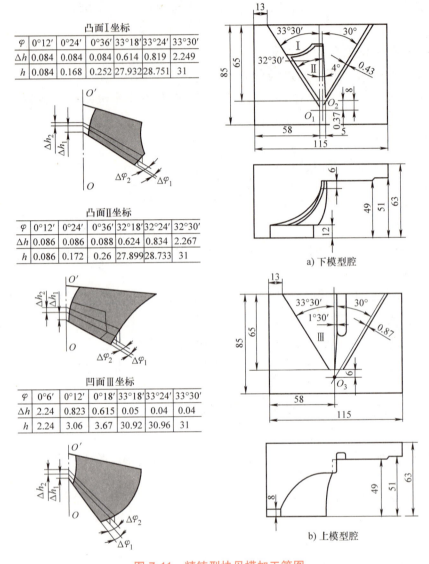

图 7-11 精铸型块母模加工简图

（5）曲面精度根据加工过程检测及与样板配合间隙测量。

（6）对加工工艺进行的分析、操作过程中曲面坐标角位移和高度位移精度控制由监考人员审核，不规范和不正确扣除评分表总得分 20%。

3. 考核评分表

关注"大国技能"微信公众号，回复"高级技师 7.3.2"查看本项目考核评分表。

实训项目3 直齿轮修配件及修配工艺分析

● **考核目标**

掌握复杂修配零件铣削及工艺分析方法，具备复杂修配零件铣削达到精度要求的能力。项目考核要求：

1）工艺准备要求：掌握高精度、高难度修配零件装夹、找正和加工的具体操作方法；能分析和解决复杂修配零件铣削加工工艺难题。

2）加工操作要求：能解决加工过程中的精度控制的难题。

3）精度检验及误差分析：具备复杂齿轮配件检验、质量分析和改进的能力。

● **考核重点**

复杂齿轮修配件加工工艺、操作和精度控制能力。

● **考核难点**

按图样计算齿轮配件参数；拟定齿轮修配件加工工艺和加工操作；复杂齿轮配件的精度检验和控制。

● **试题样例**

1. 考核图样（图7-12）

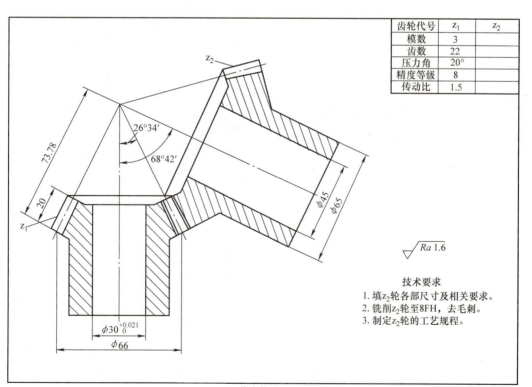

a) 锥齿轮副

图7-12　锥齿轮副与配件图

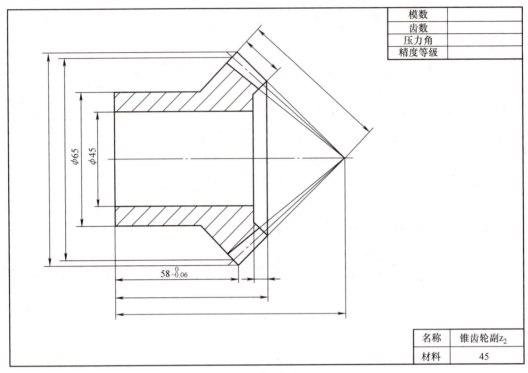

b) 锥齿轮副z_2

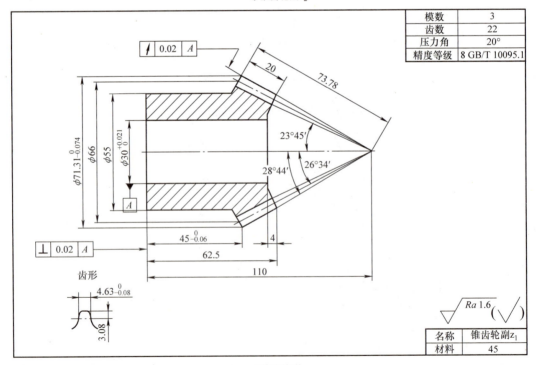

c) 锥齿轮副z_1

图 7-12 锥齿轮副与配件图（续）

2. 考核要求

（1）考核内容

1）齿圈径向圆跳动公差 0.02mm，齿厚变动公差 0.04mm、齿面接触面积 40%、表面粗糙度等符合图样要求作为主要项目。

2）填写修配齿轮各部分尺寸及相关要求、制订修配齿轮的工艺规程等符合要求作为一般项目。

（2）工时定额　5h。

（3）安全文明生产　达到国家和企业标准与规定，工作场地整洁，工、量、卡具摆放整齐合理。

（4）分度头的安装找正独立预先进行。

3. 考核评分表

关注"大国技能"微信公众号，回复"高级技师7.3.3"查看本项目考核评分表。

实训项目4　专用夹具的专题分析和改进方案

● **考核目标**

掌握设计和制作高精度复杂工件专用夹具的方法，具备高精度复杂工件专用夹具分析和改进的能力。项目考核要求：

1）工艺准备要求：能应用复杂工件夹具设计的专业知识，分析和解决高精度复杂工件装夹难题。

2）设计和制造要求：能编制高精度复杂工件夹具的制造工艺和夹具验证、改进方案，并付诸实施。

3）精度检验及误差分析：具备高精度复杂工件专用夹具检验、质量分析和改进的能力。

● **考核重点**

高精度复杂工件专用夹具的加工工艺分析、制造精度控制；专用夹具的检验、验证和改进措施。

● **考核难点**

高精度复杂工件专用夹具分析、验证和改进措施的实施。

● **试题样例**

1. 考核图样（图7-13）

2. 考核要求

（1）考核内容

1）夹具结构分析、定位方式和定位误差分析、夹紧方式和夹紧力分析、夹具检验和验证、改进措施等符合要求作为主要项目。

2）夹具制造工艺、夹具改进方案等符合要求作为一般项目。

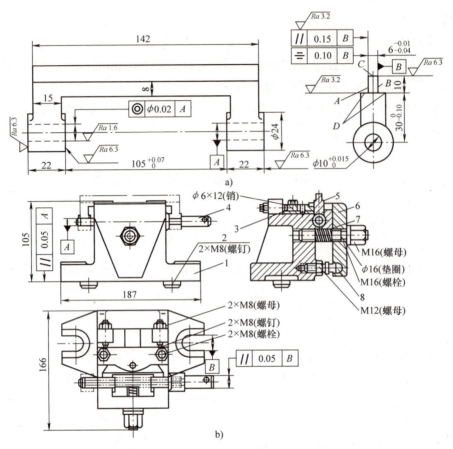

图 7-13 高精度复杂夹具图

1—夹具体　2—定位键　3—垫块座　4—插入式长销　5—自位支承　6—压板　7—弹簧　8—球形调节支承

（2）工时定额　4h。

（3）安全文明生产　达到国家和企业标准与规定，工作场地整洁，工、量、卡具摆放整齐合理。

（4）夹具分析和改进方案制作计算机文件。

3. 考核评分表

关注"大国技能"微信公众号，回复"高级技师7.3.4"查看本项目考核评分表。

实训项目 5　专用刀具的专题分析和改进方案

● 考核目标

掌握高精度复杂工件专用铣刀设计和制作、编制制造工艺的方法，具备高精度复杂工件专用铣刀的分析和改进能力。项目考核要求：

1）工艺准备要求：能应用刀具设计的专业知识，分析和解决高精度复杂工件专用刀具难题。

2）设计和制造要求：能绘制刀具图样、编制高精度复杂工件专用刀具的制造工艺和刀具检验、改进方案，并付诸实施。

3）精度检验及误差分析：具备高精度复杂工件专用刀具检验、质量分析和改进的能力。

● 考核重点

高精度复杂工件专用刀具的设计改进、制造精度控制；专用刀具的检验、验证和改进措施。

● 考核难点

高精度复杂工件专用刀具分析、验证和改进措施的实施。

● 试题样例

1. 考核图样（图 7-14～图 7-17）

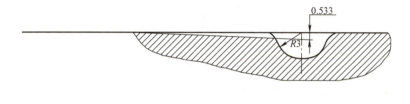

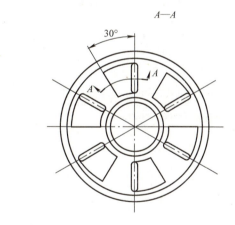

图 7-14　推力轴承零件简图

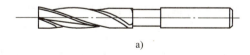

a)

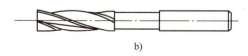

b)

图 7-15　改制前后的螺旋齿立铣刀

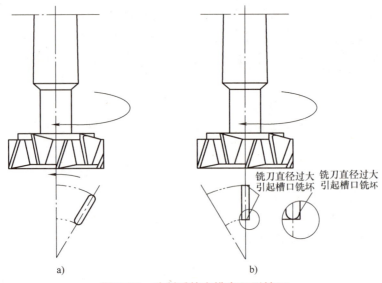

图 7-16 改制后的交错齿 T 形铣刀

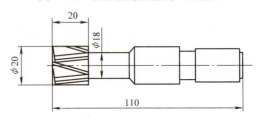

技术要求

1. 错齿专用铣刀刃倾角10°，形成槽形的主切削刃法向前角10°，法向后角15°。
2. 热处理硬度55~60HRC。

图 7-17 螺旋面专用铣刀简图

2. 考核要求

（1）考核内容

1）根据图 7-14 所示小导程平面螺旋面加工要求，分析图 7-15、图 7-16 所示两种改制刀具的结构和切削性能；分析图 7-17 所示改进设计的刀具结构和切削性能；改进后专用刀具的检验和适用性验证等符合要求作为主要项目。

2）编制刀具的制造工艺、刀具改进方案等符合要求作为一般项目。

（2）工时定额 4h。

（3）安全文明生产 达到国家和企业标准与规定，工作场地整洁，工、量、卡具摆放整齐合理。

（4）刀具结构分析和改进方案制作计算机文件。

3. 考核评分表

关注"大国技能"微信公众号，回复"高级技师7.3.5"查看本项目考核评分表。

实训项目 6 叶片模具型面数控铣削工艺分析和改进

● **考核目标**

掌握多轴数控加工空间曲面复杂零件的工艺编制、验证；数控加工程序编制；加工中心的调整与操作。项目考核要求见实训模块 3 项目表（表 7-3）。

● **考核重点**

空间曲面复杂零件的工艺编制、CAD/CAM 软件应用、验证加工操作和改进措施。

● **考核难点**

按图样和工艺，应用 CAD/CAM 软件编制数控加工程序、机床操作加工，并能按验证加工结果提出改进措施。

● **试题样例**

1. 考件图样（图 7-18）

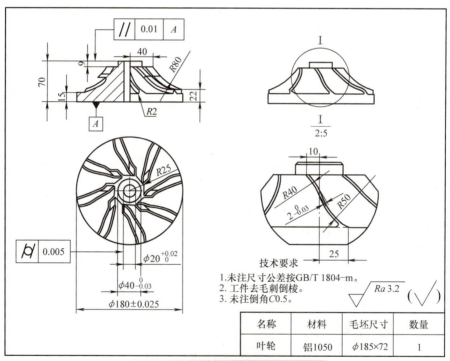

图 7-18 叶轮

2.考核准备

1）按图样材料准备坯件：$\phi 180mm \times 70mm$。

2）加工设备：数控铣床（或加工中心带4、5轴）一台，配备CAD/CAM软件计算机一台，机床与计算机连接线。

3）夹具：液压卡盘。

4）刀具：切削铝合金用平头立铣刀（切削刃过中心）标准型$\phi 6mm$、$\phi 8mm$、$\phi 10mm$、$\phi 12mm$、球头立铣刀$R6mm$、$R4mm$、$R2mm$、$\phi 8mm$（90°）倒角刀。

5）量具：高精度国产机械寻边器分中棒，杠杆千分表（0～0.8mm），游标卡尺（带深度0～150mm），外径千分尺（0～25mm、25～50mm、50～75mm、75～100mm），塞尺一套，数控铣床机械加工表面粗糙度比较样块（$Ra0.8~6.3\mu m$）。

3.考核要求

（1）考核内容

1）根据零件图样编写数控铣床加工工艺。

2）根据零件图样完成编程和零件加工。

3）同类刀具正常磨损允许调换一次。

4）工艺、程序分析和改进方案制作计算机文件。

5）以下情况为否决项（出现以下情况不予评分，按0分计）。

① 任一项的尺寸或几何误差超差0.5mm以上，不予评分。

② 零件加工不完整或有严重的碰伤、过切，不予评分。

③ 操作时发生撞刀等严重生产事故者，立刻终止其鉴定。

（2）工时定额　8h（也可按具体设备情况试加工后拟定）。

（3）安全文明生产　达到国家和企业标准与规定，工作场地整洁，工、量、卡具摆放整齐合理；数控加工中心按规范进行操作。

4.考核评分表

关注"大国技能"微信公众号，回复"高级技师7.3.5"查看相关考核评分表。

实训项目7　五面体零件数控铣削工艺分析和改进

● 考核目标

掌握多轴数控加工五面体复杂零件的工艺编制、验证；数控加工程序编制；加工中心的调整与操作。项目考核要求见实训模块3项目表（表7-3）。

● 考核重点

五面体复杂零件的工艺编制、CAD/CAM软件应用、验证加工操作和改进措施。

● 考核难点

按图样和工艺，应用CAD/CAM软件编制数控加工程序、机床操作加工，并能按验证加工结果提出改进措施。

第7部分 操作技能考核指导

● **试题样例**

1. 考件图样（图7-19）

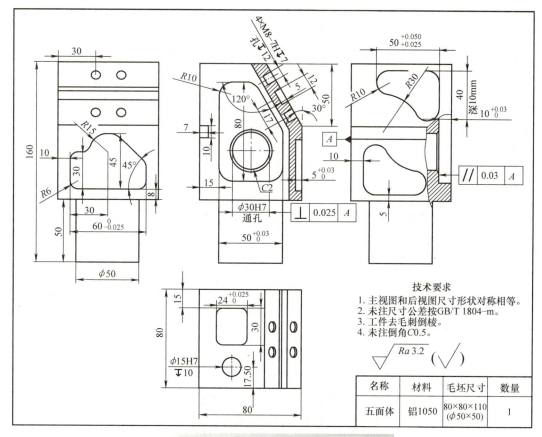

图7-19 五面体

2. 考核准备

1）按图样材料准备坯件：80mm×80mm×110mm，下端带有 $\phi 50×50$mm 凸台，用于装夹。

2）加工设备：数控铣床（或加工中心带4、5轴）一台，配备CAD/CAM软件计算机一台，机床与计算机连接线。

199

3）夹具：液压卡盘。

4）刀具：切削铝合金用平头立铣刀（切削刃过中心）标准型 ϕ6mm、ϕ8mm、ϕ10mm、ϕ12mm，ϕ8mm（90°）倒角刀，ϕ6.8mm 麻花钻，M8 丝锥，加工 ϕ30mm 孔镗刀。

5）量具：高精度国产机械寻边器分中棒，杠杆千分表（0~0.8mm），游标卡尺（带深度 0~150mm），外径千分尺（0~25mm、25~50mm、50~75mm、75~100mm），塞尺一套，数控铣床机械加工表面粗糙度比较样块（Ra0.8~6.3μm），M8-7h 塞规。

3. 考核要求

（1）考核内容

1）根据零件图样编写数控铣床加工工艺。

2）根据零件图样完成编程和零件加工。

3）同类刀具正常磨损允许调换一次。

4）工艺、程序分析和改进方案制作计算机文件。

5）以下情况为否决项（出现以下情况不予评分，按 0 分计）。

① 任一项的尺寸或形位误差超差 0.5mm 以上，不予评分。

② 零件加工不完整或有严重的碰伤、过切，不予评分。

③ 操作时发生撞刀等严重生产事故者，立刻终止其鉴定。

（2）工时定额　8h（也可按具体设备情况试加工后拟定）。

（3）安全文明生产　达到国家和企业标准与规定，工作场地整洁，工、量、卡具摆放整齐合理；数控加工中心按规范进行操作。

4. 考核评分表

关注"大国技能"微信公众号，回复"高级技师 7.3.5"查看相关考核评分表。

实训项目 8　复杂型面组合件数控铣削工艺分析和改进

● 考核目标

掌握多轴数控加工复杂组合件的工艺编制、验证；数控加工程序编制；加工中心的调整与操作。项目考核要求见实训模块 3 项目表（表 7-3）。

● 考核重点

复杂组合件的工艺编制、CAD/CAM 软件应用、验证加工操作和改进措施。

● 考核难点

按图样和工艺，应用 CAD/CAM 软件编制数控加工程序、机床操作加工，并能按验证加工结果提出改进措施。

● 试题样例

1. 考件图样（见图 7-20）

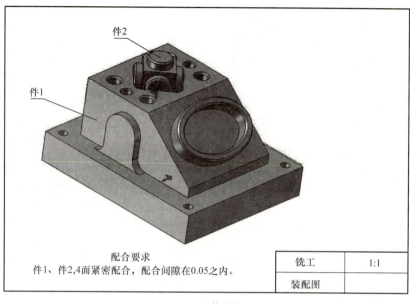

a) 装配图

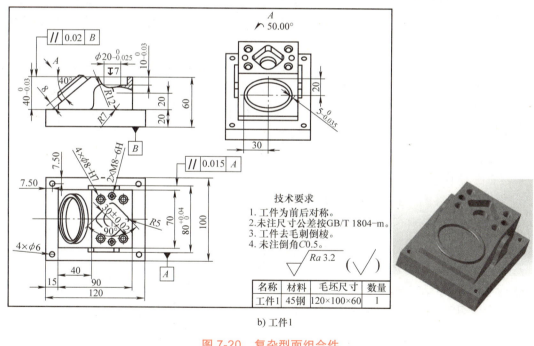

b) 工件1

图 7-20 复杂型面组合件

2. 考核准备

1）按图样材料准备坯件：120mm×100mm×60mm、30mm×30mm×30mm 各一块。

2）加工设备：数控铣床（或加工中心带 4、5 轴）一台，配备 CAD/CAM 软件计算机一台，机床与计算机连接线。

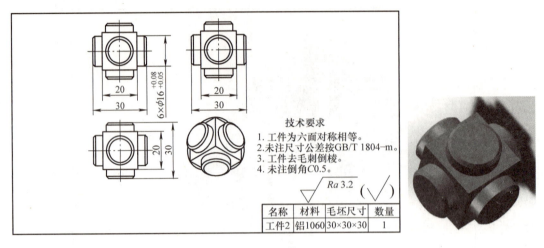

c) 工件2

图 7-20 复杂型面组合件（续）

3）夹具：液压卡盘。

4）刀具：切削铝合金、45钢用平头立铣刀（切削刃过中心）标准型 ϕ6mm、ϕ8mm、ϕ10mm、ϕ12mm，ϕ8mm（90°）倒角刀，ϕ6.8mm 麻花钻，M8 丝锥，加工 ϕ20mm 孔镗刀。

5）量具：高精度国产机械寻边器分中棒，杠杆千分表（0~0.8mm）；游标卡尺（带深度 0~150mm）；外径千分尺（0~25mm、25~50mm、50~75mm、75~100mm）；塞尺一套；数控铣床机械加工表面粗糙度比较样块（Ra0.8~6.3μm）；ϕ8-7h、M8-6h 塞规。

3. 考核要求

（1）考核内容

1）根据零件图样编写数控铣床加工工艺。

2）根据零件图样完成编程和零件加工。

3）同类刀具正常磨损允许调换一次。

4）工艺、程序分析和改进方案制作计算机文件。

5）以下情况为否决项（出现以下情况不予评分，按 0 分计）。

① 任一项的尺寸或几何误差超差 0.5mm 以上，不予评分。

② 零件加工不完整或有严重的碰伤、过切，不予评分。

③ 操作时发生撞刀等严重生产事故者，立刻终止其鉴定。

（2）工时定额 8h（也可按具体设备情况试加工后拟定）。

（3）安全文明生产 达到国家和企业标准与规定，工作场地整洁，工、量、卡具摆放整齐合理；数控加工中心按规范进行操作。

4. 考核评分表

关注"大国技能"微信公众号，回复"高级技师 7.3.5"查看相关评分表。

实训模块 4　设备维护与保养

实训模块 4 项目表见表 7-4。

表 7-4　实训模块 4 项目表

序号	实训项目内容	技能要求
1	主轴轴承间隙调整	（1）铣床的精度调整 1）能精确调整工作台和立铣头的扳转角度；能使用检测仪器对数控铣床的动态精度进行检测；能根据机床切削精度判断机床的精度误差 *2）能对机床、机床附件进行全方位精度检测和调整。能调整和修改数控铣床的参数，对可补偿的机床误差进行精度补偿；能分析数控铣床的机械、液压、气动、冷却系统常见故障产生的原因，并提出调整措施 （2）铣床的维护保养 1）能排除铣床的常见机械故障；能判断铣床的常见电气故障；能制定和调整维护保养铣床的方案。能排除数控铣床机械系统、液压系统、气动系统和冷却系统的一般故障；能判断数控铣床控制和电气系统的一般故障 *2）铣床的维护保养：能判断和排除普通铣床的机械、电气、液压与气动系统的故障；能判断并排除数控铣床报警信息的常见故障。能编写数控铣床重大维修方案；能组织和协助数控铣床机械部件（导轨、丝杠螺母副）的维修；能合理调整数控铣床运行状况的有关参数；能借助网络设备与软件系统进行设备的远程诊断；能根据机床电路图及可编程序控制器（PLC）梯形图检查出故障发生点，并提出机床维修方案
2	主轴与工作台位置精度调整	
3	典型铣床常见机械故障判断与排除	
4	典型铣床常见电气故障的判断	
5	铣床维护保养方案现场拟定与实施	
*6	普通铣床故障判断和排除	
*7	铣床附件的故障判断和排除	
*8	数控铣床动态精度和切削精度检验	
*9	数控铣床/加工中心一般故障的排除	

实训项目 1　主轴轴承间隙调整

● 考核目标

铣床主轴精度检测和调整是典型的铣床设备维护保养项目，主轴轴承的间隙调整是保证主轴动态精度的主要维护保养项目。项目考核要求：

1）铣床主轴精度的检测项目和要求：主轴锥孔轴线的径向圆跳动、主轴的轴向窜动、主轴轴肩支承面的轴向圆跳动、主轴旋转轴线对工作台横向移动的平行度（卧式铣床）、主轴旋转轴线对工作台中央基准T形槽的垂直度（卧式铣床）、悬梁导轨对主轴旋转轴线的平行度（卧式铣床）、主轴旋转轴线对工作台台面的平行度（卧式铣床）、刀杆支架孔轴线对主轴旋转轴线的重合度（卧式铣床）、主轴旋转轴线对工作台台面的垂直度（立式铣床）、主轴套筒移动对工作台台面的垂直度（立铣头）等。

2）主轴间隙调整的目标：主轴轴向窜动和径向圆跳动符合检测项目精度要求。

3）主轴轴承的基本结构类型：圆锥滚子轴承和双列向心短圆柱滚子轴承结构。

4）主轴轴承间隙的调整方法：圆锥滚子轴承间隙的调整方法和双列向心圆柱滚子轴承间隙的调整方法。

● 考核重点

按铣床主轴精度检测项目要求和方法进行规定项目检测；按检测结果和主轴结构图样进行主轴间隙的调整操作，复测后达到主轴动态精度的规定要求。

● 考核难点

主轴精度检测的操作步骤、方法和误差原因分析、主轴轴承间隙的调整步骤和动态精度控制方法。

● 试题样例

1. 考核图样（图7-21）

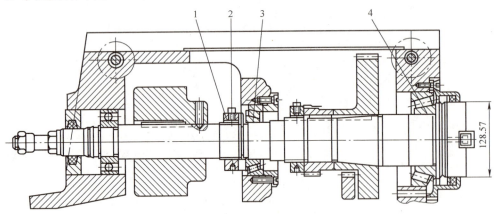

图7-21　铣床主轴结构

2. 考核要求

（1）考核内容

1）结构分析和间隙调整方法讲述要求：根据图7-21所示铣床主轴结构，分析1~4组件的名称和作用，口述该主轴间隙调整的方法和步骤。

2）主轴轴承相关检验项目、方法及精度要求：口述相关检验项目的名称和检验方法、有关项目的精度检验要求；按规定进行各项目精度检验操作，并记录检测数据。

3）主轴轴承间隙调整操作要求：调整步骤、操作方法符合规定要求；调整好后进行相关检测项目复验，检测数据应符合检验精度要求。

4）相关操作步骤、方法符合规范，间隙调整后达到精度检验规范等作为主要项目。有关内容的口述要求作为一般项目。

（2）考核工时定额　4h。

（3）安全文明生产　达到国家和企业标准与规定，工作场地整洁，工、量、卡具摆放整齐合理。检验和操作符合有关安全规范。

（4）口述与记录　口述应表达准确、层次规范；数据记录应按规定表式书写，字迹清晰。

（5）检测数据经监考人员复核，任意一项检测精度超过0.025mm不予评分。

3. 考核评分表

关注"大国技能"微信公众号，回复"技师7.4.1"查看本项目考核评分表。

实训项目 2　主轴与工作台位置精度调整

● 考核目标

铣床主轴与工作台位置精度检测和调整，是典型的铣床设备维护保养和加工准备调整的项目，主轴与工作台位置精度调整是保证铣床工作精度的主要维护保养项目之一，也是加工准备中常见的调整项目。项目考核要求：

1）铣床主轴与工作台位置精度的检测项目和要求：工作台台面的平面度、主轴旋转轴线对工作台横向移动的平行度（卧式铣床）、主轴旋转轴线对工作台中央基准T形槽的垂直度（卧式铣床）、主轴旋转轴线对工作台台面的平行度（卧式铣床）、主轴旋转轴线对工作台台面的垂直度（立式铣床）、主轴套筒移动对工作台台面的垂直度（立铣头）等。

2）立铣头主轴扳转角度的调整：符合加工需要的扳转角度精度要求。

3）万能卧式铣床工作台扳转角度的调整：符合加工需要的扳转角度精度要求。

4）正弦规和标准量块组用百分表检测倾斜角的计算和操作方法。

● 考核重点

按铣床主轴与工作台位置精度检测项目要求和方法进行规定项目检测；按加工工件图样进行主轴或工作台扳转角度调整操作，达到扳转角度的精度要求。

● 考核难点

主轴与工作台位置精度检测的操作步骤、方法和误差原因分析；主轴或工作台角度精确扳转的调整步骤和操作方法。

● 试题样例

1. 考核图样（图 7-22、图 7-23）

2. 考核要求

（1）考核内容

1）分析计算要求：根据图 7-22、图 7-23 所示加工工件，分析加工工艺，计算确定倾斜法加工图 7-22 所示圆盘凸轮 CD 段曲面的立铣头主轴倾斜角，计算确定铣削加工图 7-23 所示的螺旋齿圆柱形铣刀齿槽工作台扳转的角度。

2）主轴与工作台位置精度相关检验项目、方法及精度要求：口述相关检验项目的名称和检验方法、有关项目的精度检验要求；按规定进行各项目精度检验操作，并用表格形式记录检测数据。

3）立铣头主轴、工作台扳转角度调整操作要求：调整步骤、操作方法符合规定要求；调整好后进行扳转角度精度检测，检测数据应符合加工精度要求。

4）项目分配和作业规范：相关检测与调整操作步骤、方法应符合规范，扳转角度调整后达到精度要求等作为主要项目（占总分的60%）。有关内容的口述要求作为一般项目（占总分的33%）。

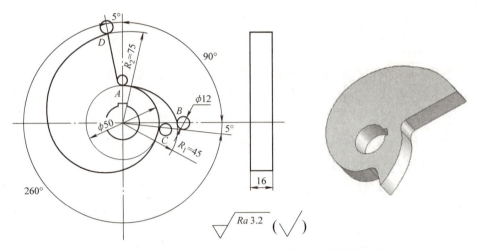

图 7-22 需要立铣头主轴扳转角度铣削加工的圆盘凸轮

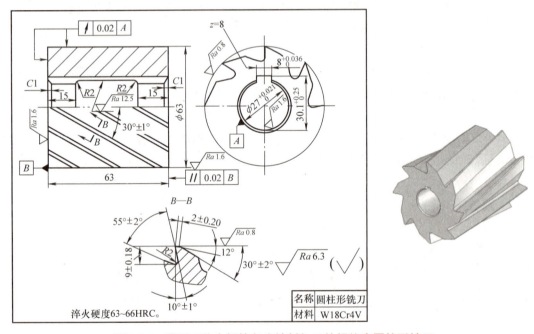

图 7-23 需要工作台扳转角度铣削加工的螺旋齿圆柱形铣刀

（2）考核工时定额 4h。

（3）安全文明生产 达到国家和企业标准与规定，工作场地整洁，工、量、卡具摆放整齐合理。检验和操作符合有关安全规范（占总分的 7%）。

（4）口述、计算与记录 口述应表达准确、层次规范；计算应现场进行；数据记录应按规定格式书写，字迹清晰。

（5）检测数据经监考人员复核，任意一项检测精度超过 0.025mm，该检测项目不予评分；立铣头主轴和工作台扳转角度计算公式和结果错误，计算项不予评分。

3. 考核评分表

关注"大国技能"微信公众号,回复"技师7.4.1"查看相关考核评分表。

实训项目3　典型铣床常见机械故障判断与排除

● 考核目标

典型铣床常见故障判断与排除,是铣床设备维护保养的重要项目;典型铣床机械故障判断与排除是保证铣床工作精度和正常运行的主要维护保养项目之一,也是铣床维护保养的重要技能。项目考核要求:

1)铣床机械故障现象判断与分析要求:对拟定的机床加工、调整过程出现的机械故障现象进行判断与分析,口述机械故障现象的常见原因与排除方法。

2)故障原因的检查与排除要求:采用排除法由表及里确定故障的具体原因。

3)故障排除的操作要求:根据确认的故障原因进行故障排除操作。

4)故障排除的标志:试运行或试加工等进行故障排除的标志确认。

● 考核重点

机械故障的判断和原因分析;机械故障原因的确认和排除。

● 考核难点

机械故障原因的确认和排除方法,有关精度检测和调整操作及故障排除标志的确认。

● 试题样例

1. 考核图样(图7-24)

2. 考核要求

(1)考核内容

1)故障现象判断与分析要求:根据图7-24所示加工工件,确定加工工艺,进行钻、镗孔加工,根据孔加工精度判断机床机械故障。

2)故障原因的检查和分析要求:口述与孔加工精度相关的故障原因(填写预制的表格)、机床有关项目的精度检验要求;按规定进行各项目精度检验操作。

3)故障原因判断要求:根据精度检测结果,进行机床调整和检修,然后检测相关数据和加工试运行,应符合加工精度要求。

4)项目分配和作业规范:相关检测与调整、排除故障操作步骤与方法应符合规范,故障原因确定和排除操作,加工达到精度要求等作为主要项目(占总分的70%)。有关内容的口述要求作为一般项目(占总分的23%)。

(2)考核工时定额　8h(超时0.5h不予评分)。

(3)安全文明生产　达到国家和企业标准与规定,工作场地整洁,工、量、卡具摆放整齐合理。检验和操作符合有关安全规范(占总分的7%)。

(4)分析口述与记录　口述应表达准确、层次规范;分析记录内容应按规定格式填写。

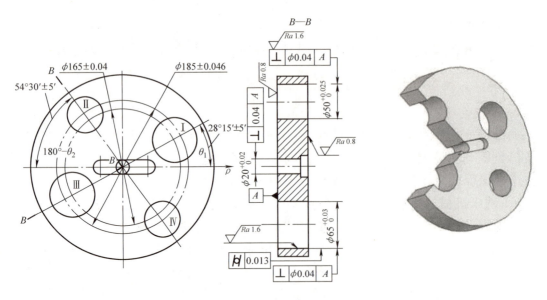

图 7-24 平面极坐标平行孔系工件简图

（5）排除故障标志　排故检测项目，经监考人员复核，超过规定精度 0.01mm，该检测项目不予评分；排除故障后加工工件精度仍未达到精度要求，考核不及格。

3. 考核评分表

关注"大国技能"微信公众号，回复"技师 7.4.3"查看本项目考核评分表。

实训项目4　典型铣床常见电气故障的判断

● 考核目标

典型铣床常见电气故障的判断与排除，是典型的铣床设备维护保养的重要项目；典型铣床电气故障判断，是保证铣床正常运行的主要维护保养项目之一，也是铣床维护保养和参与排除故障检修的重要技能。项目考核要求：

1）铣床电气故障现象判断与分析要求：对拟定的机床加工、操作运行过程出现的电气故障现象进行判断与分析，口述电气故障现象的常见原因与排除方法（识读机床电路图 7-25b）。

2）配合电工进行故障原因的检查与排除要求：采用排除法由表及里确定故障的具体原因。

3）协助故障排除的操作要求：根据确认的故障原因协助配合电工进行故障排除操作。

4）故障排除的标志：试运行或试加工等进行故障排除的标志确认。

● 考核重点

电路图的识读；电气故障的判断和原因分析；电气故障原因的确认和协助电工排除故障。

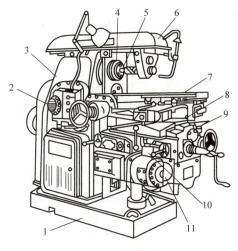
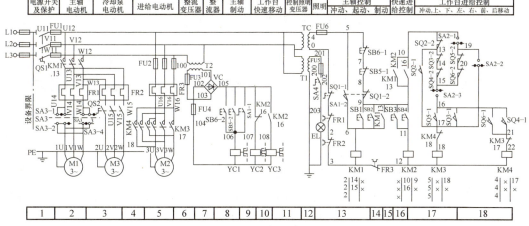

图 7-25　X62W 型卧式万能铣床电气控制电路

1—机座　2—主轴调速蘑菇形手盘　3—床身　4—主轴　5—刀杆　6—横梁　7—工作台　8—回转盘
9—横溜板　10—升降台　11—进给调速蘑菇形手盘

● 考核难点

电气故障原因的确认和排除方法建议，故障排除标志的确认。

● 试题样例

1. 考核图样（图 7-25）

2. 考核要求

（1）考核内容

1）故障现象判断与分析要求：试运行机床后发现运行故障，根据图 7-25b 所示典型铣床电气控制电路，判断机床电气故障部位。

2）故障原因的检查和分析要求：口述与机床运行相关的故障原因（填写预制表）、机床有关项目的电路检查要求；按规定协同电工进行电路检测操作。

3）故障原因判断要求：根据电路检测结果，协同电工进行机床电器或电路检修，然后进行机床试运行，应符合机床运行操作控制要求。

4）项目分配和作业规范：相关检测和排除故障操作步骤与方法应符合电工作业规范，能配合电工进行故障原因确定和排除操作，机床试运行达到控制要求等作为主要项目（占总分69%）。有关内容的口述要求等作为一般项目（占总分24%）。

（2）考核工时定额　6h（超时0.5h不予评分）。

（3）安全文明生产　达到国家和企业标准与规定，工作场地整洁，电工作业工具和测量仪表摆放整齐合理。协同检测和操作符合有关安全规范（占总分7%）。

（4）分析口述与记录　口述应表达准确，层次规范，符合教材相关内容；分析记录应按电路图7-25b所示代号、格式填写，内容包括故障现象、故障原因分析、故障排除方法。

（5）排除故障标志　口述的排除故障检测检修方法，经监考和电工维修人员复核，错漏或步骤不正确，该检测、检修项目不予评分；排除故障后机床运行、操作仍未达到规定要求，考核不及格。

3. 考核评分表

关注"大国技能"微信公众号，回复"技师7.4.4"查看本项目考核评分表。

实训项目5　铣床维护保养方案现场拟定与实施

● **考核目标**

典型铣床的分级保养规范，是典型铣床设备维护保养的重要项目；典型铣床一级保养，是保证铣床正常运行的主要维护保养项目之一，也是铣床维护保养和合理调整机床的重要技能。项目考核要求：

1）典型铣床分级保养的规范要求：根据典型铣床的传动结构原理，对拟定的机床加工、操作运行过程出现的失调故障现象进行判断与分析，口述失调故障现象的常见原因与排除方法，拟定机床分级保养的方案。

2）典型铣床一级保养的方案确定要求：采用排除法由表及里确定失调故障的具体原因，确定保养的具体部位。

3）一级保养部位的操作要求：根据确认的失调故障原因，按确定方案，组织完成一级保养内容的相关操作。

4）故障排除的标志：试运行或试加工等进行失调故障排除的标志确认。

● **考核重点**

全面掌握典型铣床的传动结构原理及分级保养的规范；一级保养规范的全过程操作技能；失调故障原因的确认和组织保养全过程，准确排除失调故障的方法。

● **考核难点**

失调故障原因的确认和排除方案拟定，一级保养的规范操作，故障排除标志的确认。

第7部分 操作技能考核指导

● **试题样例**

1. 考核图样（图 7-26 ~ 图 7-28）

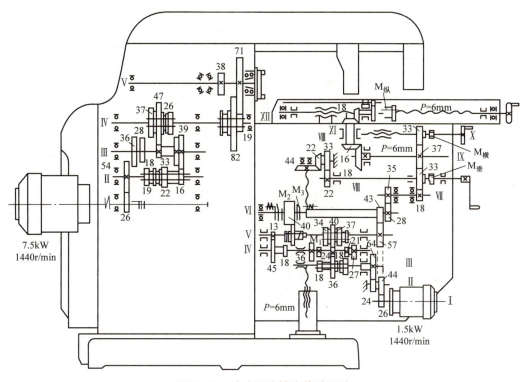

图 7-26　卧式万能铣床传动系统

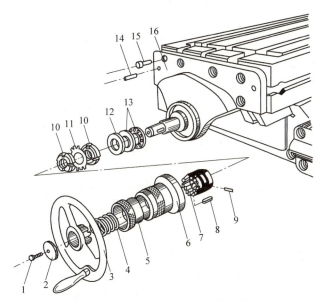

图 7-27　纵向工作台左端部件拆装图

1—螺钉　2、12—垫圈　3—手轮　4—弹簧　5—刻度盘紧固螺母　6—刻度盘　7—离合器　8—平键　9—紧定螺钉
10—圆螺母　11—圆螺母用止动垫圈　13—推力轴承　14—圆锥销　15—内六角圆柱头螺钉　16—轴承座

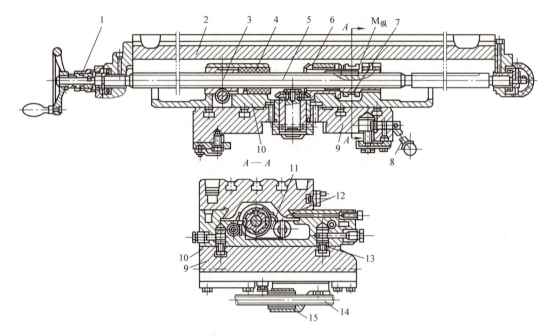

图 7-28 卧式万能铣床工作台结构

1—离合器 2—工作台 3—调整螺母 4—固定螺母 5—纵向丝杠 6—锥齿轮 7—滑套 8—偏心轮手柄 9—横向滑板 10—工作台底座（即回转盘） 11—拨叉 12—镶条 13—销 14—横向丝杠 15—横向螺母

2.考核要求

（1）考核内容

1）铣床日常保养以及保养的要求：口述日常保养内容和要求；填表说明铣床一级保养的运行时间、条件和具体内容、要求。

2）铣床传动系统的分析要求：口述与故障相关的传动系统工作原理（图 7-26）。

3）故障原因判断要求：根据机床运行、操纵相关的失调故障原因（预先设置的工作台失调故障），机床有关传动系统检查分析，按故障现象拟定一级保养的重点部位和具体方案，并查找有关技术资料（图 7-27、图 7-28），同时口述各组件的作用。

4）项目分配和作业规范：现场拟定的一级保养方案、保养部位拆装、保养的操作步骤与方法，能配合机械维修人员进行故障原因确定和排除操作，机床试运行达到传动、操纵控制要求等作为主要项目（占总分 78%）。有关内容的口述要求等作为一般项目（占总分 15%）。

（2）考核工时定额 4h（超时 0.5h 不予评分）。

（3）安全文明生产 达到国家和企业标准与规定，工作场地整洁，拆装作业工具和测量仪表摆放整齐合理。协同检测和操作符合有关安全规范（占总分 7%）。

（4）分析口述与记录 口述应表达准确，层次规范，符合教材相关内容；填表内容应按一级保养规范填写，包括保养部位、保养内容和要求。

（5）保养方案的合理性要求 经监考和机械维修人员现场监考、复核，保养作业不规范或步骤不正确，相关项目不予评分；方案实施完成后，机床运行、操作仍未达到规定要求，考核不及格。

3. 考核评分表

关注"大国技能"微信公众号，回复"技师 7.4.5"查看本项目考核评分表。

＊实训项目6　普通铣床故障判断和排除

● 考核目标

掌握普通铣床综合性故障的判断和排除方法，具备判断和排除普通铣床的机械、电气、液压与气动系统等方面故障的能力。项目考核要求：

1）故障分析要求：能应用铣床结构、传动系统等的专业知识，根据故障现象分析故障的原因。

2）故障排查作业要求：能应用故障排查的基本方法，协同维修人员对故障部位、故障原因等进行排查。

3）故障维修和排除要求：能应用故障排除的基本方法，根据故障部位和原因，协同维修人员进行故障维修。

● 考核重点

普通铣床单一和综合故障的发现和分析、故障原因和部位的判断、排除故障的基本方法、协同排除故障的能力。

● 考核难点

综合故障的分析、故障原因和部位的判断。

● 试题样例

1. 考核主题

发现铣床故障、判断故障原因和部位、提出排除故障的措施和方法、协同维修人员排除故障。

2. 准备要求

1）典型普通铣床。

2）配合的维修工。

3）设置3~4个单一性故障；设置1个综合性故障。

3. 考核要求

（1）考核内容

1）操作机床并进行切削加工，发现故障，判断故障特性（单一性或综合性）。

2）分析产生故障的原因和故障部位。

3）提出排除故障的措施和方法。

4）协同维修人员排除故障

（2）考核时间

1）3~4个单一性故障的发现时间10min，确定故障部位和判断原因时间20min，提出故障排除的措施和方法时间30min，协同排除故障时间不计。

2）综合性故障的发现时间10min，确定故障部位和判断原因时间30min，提出故障排除的措施和方法时间30min，协同排除故障时间不计。

（3）配分　按比例配分：如3+1个故障，共12项能力测试内容，可均分配分，也可以按难度配分。

4. 故障设置的分配项目

（1）机床主轴故障　包括主轴轴承损坏故障、主轴轴向窜动故障、电动机故障、主轴变速故障和主轴制动故障等，考核时作为较难的故障项目。

（2）机床进给传动机构故障　丝杠副间隙故障、导轨间隙故障、电动机故障、保险离合器故障和快慢速转换故障等，考核时作为较难的故障项目。

（3）电气系统故障　包括主电动机和进给电动机故障、继电器故障、接触器故障、线路故障等，考核时作为较难的故障项目。

（4）冷却系统故障　包括电动机故障、滤网故障、冷却泵故障和管路故障等，考核时作为一般的故障项目。

（5）润滑系统故障　包括润滑泵故障、管路故障、润滑油清洁度故障等，考核时作为一般的故障项目。

（6）加工质量故障　表面粗糙度下降、表面接刀不平和加工面不平等，考核时作为一般的故障项目。

（7）综合性故障　为电气和机械两类故障的综合，考核时作为较难的故障项目。

5. 考核评分表

关注"大国技能"微信公众号，回复"高级技师7.4.6"查看本项目考核评分表。

*实训项目7　铣床附件的故障判断和排除

● 考核目标

掌握铣床常用机床附件（万能分度头、回转工作台、机用虎钳、液压虎钳等）的故障判断和排除方法，具备维护保养、拆卸和装配调整机床附件，判断和排除机床附件常见故障的能力。项目考核要求：

1）故障分析要求：能应用夹具结构原理和精度检测、传动系统等的专业知识，根据附件故障现象分析故障的原因。

2）故障排查作业要求：能应用故障排查的基本方法，对故障部位、故障原因等进行判断和确认。

3）故障维修和排除要求：能应用故障排除、修理的基本方法，根据故障部位和原因，进行拆装、清洗维护和故障件的更换、维修，并进行精度检测。

● **考核重点**

机床附件故障原因和部位的判断、排除故障的基本方法和维修调整、精度检测能力。

● **考核难点**

故障的分析、故障原因和部位的判断与维修操作。

● **试题样例**

1. 考核主题

发现铣床附件故障、判断故障原因和部位、提出排除故障的措施和方法、独立作业排除故障。

2. 准备要求

1）万能分度头。

2）各类拆装用工具、检测用量具。

3）设置3~4个故障。

3. 考核要求

（1）考核内容

1）使用过程要求：使用万能分度头，并进行圆柱形铣刀螺旋齿槽切削加工，发现故障，判断故障。

2）检测过程要求：用百分表检测分度头，分析产生故障的原因和故障部位。

3）目测检查要求：拆卸万能分度头，清洗检查，提出排除分度头故障的措施和方法。更换或修复故障零件，装配调整后进行精度检测。

（2）考核时间　6h（考核项目具体时间可根据故障难易度设定）。

（3）配分　按比例配分：如4个故障，共12项能力测试内容，可均分配分，也可以按难度配分。

4. 故障设置的分配项目

（1）使用过程发现的故障　分度手柄旋转一周有松紧现象故障、分度头主轴旋转一周有松紧现象故障、用自定心卡盘装夹工件铣削振动大故障、锥柄夹具安装后与主轴同轴度差故障等，考核时作为较难的故障项目。

（2）用指示表检测发现的故障　包括主轴轴向窜动故障、主轴转动一周有松紧故障、主轴内锥孔定位误差大故障、等分精度误差大故障和角度分度误差大故障等，考核时作为较难的故障项目。

（3）拆卸后目测发现的故障　包括蜗轮蜗杆磨损引发的故障、主轴锥面磨损引发的故障、主轴内锥孔磨损引发的故障、蜗轮与主轴配合引发的故障等，考核时作为一般的故障项目。

5. 考核评分表

关注"大国技能"微信公众号，回复"高级技师7.4.7"查看本项目考核评分表。

*实训项目8 数控铣床动态精度和切削精度检验

● **考核目标**

根据数控铣床动态精度和切削精度检验的项目和要求，掌握检测的方法，分析误差产生的原因。

● **考核重点**

数控机床动态精度检测的基本方法、精密量仪的使用方法、检测数据的分析。

● **考核难点**

检测操作和检测数据分析。

● **试题样例**

1. 考核主题

1）按指定（或抽选）的检测项目，使用规定的量仪等检具进行动态精度检测，并对检测数据进行分析。

2）按指定机床的切削精度检验项目，通过切削加工和工件检验，分析机床的切削精度。

2. 准备要求

1）数控铣床/加工中心。

2）各类检测用量具和检具。

3）检验切削精度的预制件。

3. 考核要求

（1）考核内容

1）按动态精度检测项目要求完成指定项目检测，记录数据，分析检测结果。

2）按切削精度检验的项目要求完成指定工件的切削加工，通过检验，判断机床的切削精度。

（2）考核时间 6h（可根据检测的具体项目数及难易度确定）。

（3）配分 动态精度检测的作业过程和规范性、数据的准确性、检测结果的分析方法；切削精度检验的机床操作、工件加工和检验、检验结果的分析等作为主要项目（占总分的65%）。操作过程符合规范、数据记录作为一般项目（占总分的28%）。

（4）现场文明管理 遵守数控铣床或加工中心的操作规程；现场管理符合国家和企业有关规定（占总分的7%）。

4. 考核评分表

关注"大国技能"微信公众号，回复"高级技师7.4.7"查看相关考核评分表。

*实训项目9 数控铣床/加工中心一般故障的排除方法

● **考核目标**

了解数控机床主轴、滚珠丝杠副、导轨、刀库与机械手、辅助装置、排屑装置常见故障的原因和排除方法。根据数控机床使用过程中出现的各种异常情况，判断故障现象，分析故障原因和部位，提出故障排除的方法。

● **考核重点**

主轴、滚珠丝杠副和刀库与机械手的常见故障及排除方法。

● **考核难点**

故障原因的分析判断和排除方法。

● **试题样例**

1. 考核主题

发现数控铣床/加工中心故障，判断故障原因和部位，提出排除故障的措施和方法，协同维修人员排除故障。

2. 准备要求

1）数控铣床/加工中心。

2）配合的维修工。

3）设置3~4个单一性故障；设置1个综合性故障。

3. 考核要求

（1）考核内容

1）操作机床并进行切削加工，发现故障，判断故障特性（单一性或综合性）。

2）分析产生故障的原因和故障部位。

3）提出排除故障的措施和方法。

4）协同维修人员排除故障。

（2）考核时间

1）3~4个单一性故障的发现时间10min，确定故障部位和判断原因时间20min，提出故障排除的措施和方法时间30min，协同排除故障时间不计。

2）综合性故障的发现时间10min，确定故障部位和判断原因时间30min，提出故障排除的措施和方法时间30min，协同排除故障时间不计。

（3）配分　按比例配分：如3+1个故障，共12项能力测试内容，可均分配分，也可以按难度配分。

4. 考核评分表

关注"大国技能"微信公众号，回复"高级技师7.4.7"查看相关考核评分表。

实训模块 5　技术管理

技术管理实训模块项目表见表 7-5。

表 7-5　实训模块 5 项目表

序号	实训项目内容	技能要求
1	现场拟定、验证工件加工工艺（含新工艺应用）	（1）加工工艺制定与分析 1）能制定工件的铣削加工工艺；能编制二维轮廓的数控铣削加工工艺；能编制复杂模具型腔等工件的加工工艺；能对工件的加工工艺方案进行合理性分析并提出改进建议；能应用仿真软件分析和优化数控加工工艺 *2）能编制关键机械零件制造工艺规程；能对零件的加工工艺方案进行综合性、合理性分析，并提出改进意见；能对特形工件进行分析并提出加工工艺方案。能分析关键零件加工误差产生的原因，并提出改进的措施
*2	现场分析、改进和验证工件铣削加工工艺	（2）新工艺的应用 1）能应用成组技术对工件进行加工；能选择和使用高速铣削的工具系统；能使用复合机床进行加工；能使用高速铣削技术进行工件加工 *2）能进行以铣代磨的加工；能在铣床上进行滚齿加工；能对三轴联动的数控铣床制定调试方案；能制定数控精细加工的工艺方案；能分析在多轴数控加工中由夹具精度引起的加工误差，提出改进措施并组织实施
*3	技术报告撰写、演讲和技术成果演示	（3）技术报告编写及技术推广与交流 1）能总结加工工艺、刀具改进及专用夹具设计等成果，编写技术报告；能总结专业技术，推广技术成果 *2）能总结本专业先进高效的操作方法、工装设计等技术成果并编写技术报告；能进行技术交流，发现和推广先进技术成果；能组织有关人员对技术难题进行技术革新

实训项目 1　现场拟定、验证工件加工工艺

● **考核目标**

机械零件的制造工艺规程与典型工件的铣削加工工艺制定，是进行技术管理的基本要求；典型工件工艺过程的分析和验证，是保证工件加工质量和提高生产率的基本途径，也是实行技术管理的重要技能。项目考核要求：

1）制定机械零件制造工艺规程的要求：口述拟定机械零件制造工艺的基本方法和内容。

2）制定机械零件铣削加工工艺的要求：口述铣削加工通用工艺守则、工艺规程制定的一般程序，铣削加工工艺中的高效特点和工序衔接等。

3）工件铣削加工工艺的制定要求：根据考核拟定的单件生产方式特点，按图样制定铣削加工工艺方案。

4）工件铣削加工工艺的验证要求：按制定的铣削加工工艺方案，完成工件的铣削加工过程，并对工件的质量、加工效率等进行综合分析。

● **考核重点**

掌握机械零件制造工艺制定的基本方法；按生产类型确定铣削加工工艺特点；分析加工工件的工艺性，并进行工艺验证。

● **考核难点**

零件铣削加工工艺过程和加工工序设计、工艺文件编制和工艺验证。

● **试题样例**

1. 考核图样（图 7-29）

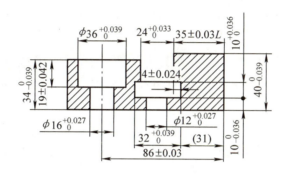

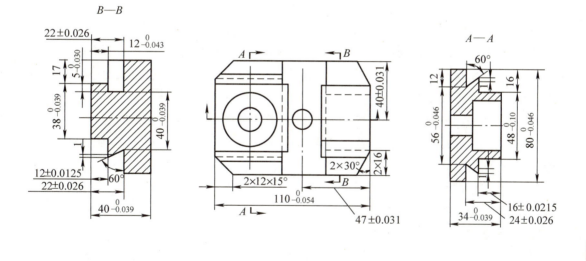

图 7-29 底座零件图

2. 考核要求

（1）考核内容

1）口述机械零件制造工艺制定的方法，铣削加工工艺制定的规范和特点。

2）分析、编制图 7-29 所示工件铣削加工工艺过程，并填写编制加工工艺过程表。

3）按编制的工艺过程进行加工、验证。

4）铣削加工工艺编制、工艺验证加工操作等作为主要项目（占总分 67%）。有关内容的口述要求等作为一般项目（占总分 26%）。

（2）考核工时定额　6h。

（3）安全文明生产　达到国家和企业标准与规定，工作场地整洁，工、夹、量具摆放整齐（占总分 7%）。

（4）分析口述与记录　口述应表达准确，层次规范，符合教材相关内容；填表内容应按工艺编制规范填写。

（5）工艺验证结果判定　工件加工达到图样规定的精度要求，允许对编制的工件加工工艺进行调整，按调整项目数量扣除相关得分。工件验证未完成，考核不及格。

3. 考核评分表

关注"大国技能"微信公众号，回复"高级技师 7.5.2"查看相关考核评分表。

*实训项目 2　现场分析、改进和验证工件铣削加工工艺

● 考核目标

根据加工工艺进行现场工艺分析，是进行技术管理的基本内容；现场改进和验证加工工艺，是保证工件加工质量和提高生产率的基本途径，也是实行技术管理的重要技能。项目考核要求：

1）现场工艺分析的要求：掌握现场加工工艺分析的基本方法和内容。

2）现场工艺改进的要求：熟悉铣削加工通用工艺守则，掌握工艺规程和加工工序改进的一般程序和方法等。

3）工艺改进验证的要求：根据改进后的工艺文件，验证相关的工序内容，并对工件的质量、加工效率等进行综合分析。

● 考核重点

掌握现场加工工艺分析的基本方法和内容；按原工艺的缺陷确定改进方案；对改进后的主要工序进行工艺验证。

● 考核难点

零件加工工艺过程分析和加工工序改进设计、工艺改进文件编制和改进后工艺的验证。

● 试题样例

1. 考核图样（图 7-30、图 7-31）

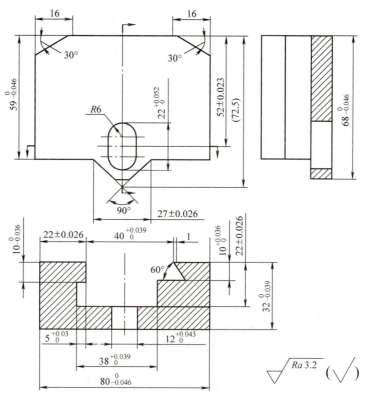

图 7-30 右上体零件图

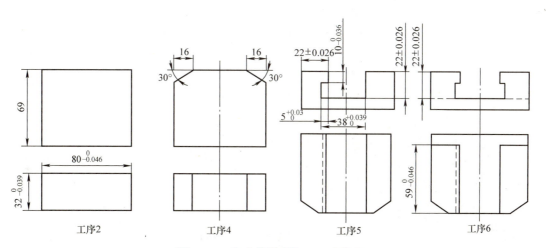

图 7-31 右上体铣削加工工序简图

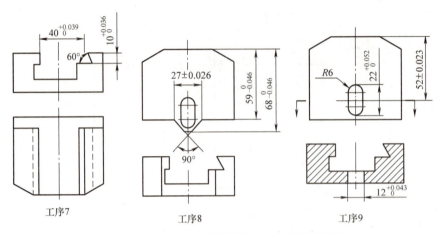

图 7-31 右上体铣削加工工序简图（续）

2. 考核要求

（1）考核内容

1）口述小批量生产零件的加工工艺分析的基本方法和内容。

2）根据表 7-6 给出的右上体零件加工工艺过程和图 7-30、图 7-31 所示进行工艺分析，找出工艺编制和工序简图的不正确内容，并进行工艺改进。

表 7-6 右上体加工工艺过程

序号	工序名称	工序内容	设备
1	备料	六面体 90mm×80mm×50mm	X5032 铣床
2	铣削	铣削外形 $80_{-0.046}^{0}$ mm×69mm×$32_{-0.039}^{0}$ mm	X5032 铣床
3	铣削	铣削 30° 倒角	X6132 铣床
4	钳加工	去毛刺、划线	
5	铣削	铣削直槽、凹槽，保证位置尺寸 22mm±0.026mm、宽度 $5_{0}^{+0.03}$ mm、$38_{0}^{+0.039}$ mm 和深度 $10_{-0.036}^{0}$ mm、22mm±0.026mm	X5032 铣床
6	铣削	铣削上沿台阶面，保证尺寸 22mm±0.026mm 和 $59_{-0.046}^{0}$ mm	X5032 铣床
7	铣削	铣削半燕尾槽，保证尺寸 $40_{0}^{+0.039}$ mm 和 $10_{0}^{+0.036}$ mm	X5032 铣床
8	铣削	铣削 90° 斜面及连接面，保证尺寸 $59_{-0.046}^{0}$ mm 及 27mm±0.026mm、$68_{-0.046}^{0}$ mm	X5032 铣床
9	铣削	铣削键槽宽 $12_{0}^{+0.043}$ mm，长 $22_{0}^{+0.052}$ mm	X5032 铣床
10	检验	按图样要求检验各项尺寸	—

3）按改进后的工艺过程进行加工、验证。

4）铣削加工工艺和工序简图分析与改进、改进后工艺验证加工操作等作为主要项目。有关内容的口述要求等作为一般项目。

（2）考核工时定额　8h。

（3）安全文明生产　达到国家和企业标准与规定，工作场地整洁，工、夹、量具摆放整齐。

（4）分析口述与记录　口述应表达准确，层次规范，符合教材相关内容；工艺改进内容应按工艺编制规范填写或绘制（应用计算机操作）。

（5）工艺验证结果判定　工件加工达到图样规定的精度要求，允许对工件加工工艺改进内容进行调整，按调整项目数量扣除相关得分。工件验证未完成，考核不及格。

3. 考核评分表

关注"大国技能"微信公众号，回复"高级技师7.5.2"查看本项目考核评分表。

* 实训项目3　技术报告撰写、演讲和技术成果演示

● 考核目标

总结加工工艺、刀具改进及专用夹具设计等成果，编写技术报告；总结专业技术，推广技术成果，是保证工件加工质量和提高生产率的基本途径，也是提高技术管理水平的重要技能。项目考核要求：

1）编写技术报告的要求：掌握收集资料、汇总分析和撰写技术报告的基本方法，具备汇总编写的能力。

2）总结专业技术的要求：掌握总结加工工艺、刀具改进及专用夹具设计等成果的基本方法，并能应用专业理论进行分析，形成可推广的技术成果。

3）技术成果推广的要求：具备通过演讲和演示，开展技术成果推广的实际运作的能力。

● 考核重点

掌握技术成果总结、汇总，形成技术报告的技能；具备推广技术成果演讲和演示的实际能力。

● 考核难点

按技术成果形成的专题技术报告所具备的科学性和适用性；技术推广演讲和演示的实际效果。

● 试题样例

1. 考核图样（图7-32、图7-33）

2. 考核要求

（1）考核内容

1）根据图7-32、图7-33所示的普通铣床加工难切削材料大零件的技术成果，现场使用计算机编写简短的技术成果报告（字数：1500～2500）。

2）按技术报告的内容进行现场演讲（可用计算机制作PPT演讲稿），有条件的可以预先布置与技术成果相关的现场进行实地演讲。

3）技术成果报告的主题、成果的主要部分、技术论证、实践成果和经验归纳分析等作为主要项目。有关素材、现场布置、计算机文件制作等作为一般项目。

（2）考核工时定额　6h。

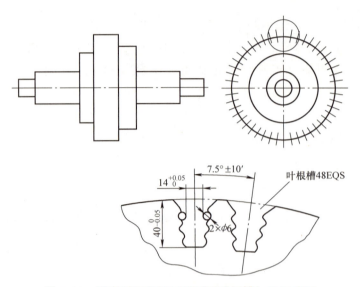

图 7-32 不锈钢涡轮转子枞树形叶根槽加工工序图

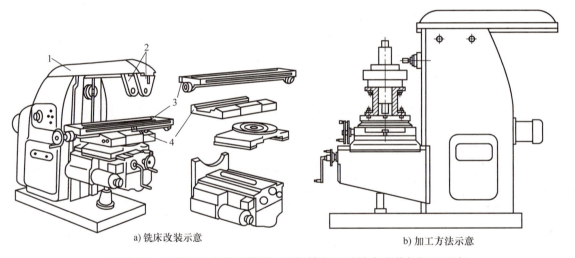

a) 铣床改装示意   b) 加工方法示意

图 7-33 不锈钢涡轮转子枞树形叶根槽加工时铣床改装与加工示意

1—悬梁 2—支架 3—工作台 4—转盘

（3）安全文明生产　达到国家和企业标准与规定，演讲演示场地整洁，相关器具等摆放整齐。

（4）技术成果报告和演示 PPT 或现场布置　符合传阅和推广要求，未达到基本要求，扣除总得分的 20%。

（5）演讲演示效果判定　按参与听讲和观摩人员的平均评分（占项目得分 40%）和监考人员的评分（占项目得分 60%）组合确定。演讲、演示中途停止，无法完成，考核不及格。

实训模块 6　培训指导

培训指导实训模块项目表见表 7-7。

表 7-7　实训模块 6 项目表

序号	实训项目内容	技能要求
1	专题理论知识培训指导演示	（1）理论知识培训指导 1）能对本职业三级/高级及以下人员进行基础理论知识、专业技术理论知识培训；能指导本职业三级/高级及以下人员查找并使用相关技术手册 *2）能对本职业二级/技师及以下人员进行机械制造理论知识培训；能指导本职业二级/技师及以下人员撰写技术论文 （2）技能操作培训指导 1）能对本职业三级/高级及以下人员进行技能操作培训 *2）能对本职业二级/技师及以下人员进行操作技能培训；能指导本职业二级/技师及以下人员解决加工问题
2	专题技术资料资源的查找方法演示	
*3	铣削加工技能操作专题培训指导演示	
*4	工件铣削加工专题质量分析培训指导演示	

实训项目 1　专题理论知识培训指导演示

● **考核目标**

全面掌握铣工理论知识培训指导方法、铣工基础理论和专业理论培训讲授的主要环节，具备对本职业三级/高级及以下人员进行培训的能力。项目考核要求：

1）铣工基础理论要求：掌握金属切削加工工艺的相关基础理论，能结合理论知识培训指导专题，应用基础理论进行分析、讲授。

2）铣工专业理论要求：掌握铣工工艺学的理论知识，能结合理论知识培训指导专题，应用专业理论进行分析、讲授。

3）理论联系实际要求：具备理论和操作相结合的培训指导能力。

● **考核重点**

掌握基础理论与专业理论融合的培训讲义编写方法；具备专题理论知识的讲授和演示的实际能力。

● **考核难点**

按培训指导基本要求进行讲义编写和理论知识专题讲授，演示过程中必须掌握培训讲授的主要环节。

● **试题样例**

1. 考核图样（图 7-34）

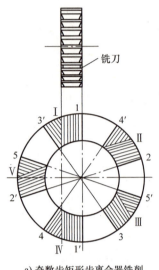 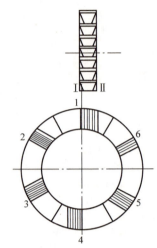 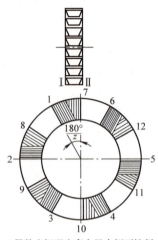

a) 奇数齿矩形齿离合器铣削　　b) 偶数齿矩形齿离合器左侧面铣削　　c) 偶数齿矩形齿离合器右侧面铣削

图 7-34　矩形齿离合器铣削加工

2. 考核要求

（1）考核内容

1）根据图 7-34 所示的中级工矩形齿离合器铣削加工的专业理论，现场使用计算机编写简短的培训指导讲义提纲和 PPT 电子稿（讲授时间 1h）。

2）按理论知识培训指导的基本要求和专业理论培训指导的主要环节用计算机制作思维导图（供监考人员评分）。

3）按以上要求进行矩形齿离合器专业理论培训指导演示，听讲人员（除监考人员外 5 人以上）。

4）培训讲授达到基本要求、符合理论培训教授的主要环节和步骤、培训指导效果判定等作为主要项目。有关现场布置、计算机文件制作等作为一般项目。

（2）考核时间　4h。

（3）安全文明环境　培训指导演示场地整洁，相关器具等摆放整齐。

（4）专题理论指导讲义提纲和演示 PPT　符合传阅和指导要求，未达到基本要求，扣除总得分的 20%。

（5）培训指导演示效果判定　按参与听讲人员的平均评分（占项目得分 40%）和监考人员的评分（占项目得分 60%）组合确定。培训指导演示中途停止，无法完成，考核不及格。

3. 考核评分表

关注"大国技能"微信公众号，回复"技师 7.6.1"查看本项目考核评分表。

实训项目 2　专题技术资料资源的查找方法演示

● 考核目标

掌握通过网络信息和纸质资源查询技术理论相关资料的方法、资料查阅的基本步骤，能对本职业三级/高级及以下人员进行技术资料查询能力的培训指导。项目考核要求：

1）铣工基础理论资料查阅要求：掌握金属切削加工相关基础理论技术手册的查阅方法，具备培训指导本职业高级及以下人员，结合实际需要的查阅能力。

2）铣工专业理论资料查阅要求：掌握金属切削手册、铣工工艺学等专业理论手册的查阅方法，能根据加工工艺编制等实际需要，开展查阅方法培训指导。

3）审核、校对要求：具备手册资料查阅正确性的审核、校对能力。

● 考核重点

掌握通过相关技术手册查阅本职业相关资料的基本步骤和方法；具备资料查阅方法培训的演示、指导能力。

● 考核难点

技术资料查阅方法、步骤的归纳总结，培训演示过程中培训讲授的实际效果。

● 试题样例

1. 考核图样（图 7-35）

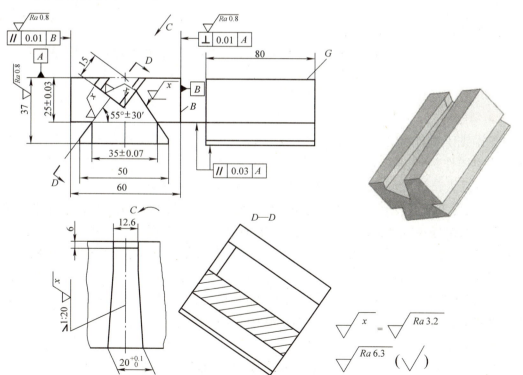

图 7-35　斜槽燕尾块工件

2. 考核要求

（1）考核内容

1）根据图7-35所示的斜槽燕尾块工件，现场使用计算机编写铣削加工工艺过程。

2）按编制的加工工艺过程演示查阅技术手册和相关资料，按工序选择刀具、夹具、切削液、量具、机床。

3）根据查阅到的资料，选择三道工序编制工序卡，填入查阅到的有关技术资料，如刀具的规格、形式等。

4）编制PPT，演示讲授指导查阅资料的方法和步骤。

5）培训讲授达到基本要求、符合理论培训教授的主要环节和步骤、培训指导效果判定等作为主要项目。有关现场布置、计算机文件制作等作为一般项目。

（2）考核时间　4h。

（3）安全文明生产　培训指导演示场地整洁，相关手册、书籍、器具等摆放整齐。

（4）专题工序卡和演示PPT编制应符合传阅和指导要求，未达到基本要求，扣除总得分的20%。

（5）培训指导演示效果判定　按参与观摩人员的平均评分（占项目得分40%）和监考人员的评分（占项目得分60%）组合确定。培训指导演示中途停止，无法完成，考核不及格。

3. 考核评分表

关注"大国技能"微信公众号，回复"技师7.6.2"查看本项目考核评分表。

*实训项目3　铣削加工技能操作专题培训指导演示

● 考核目标

掌握铣工技能操作培训的基本方法，包括课堂和现场讲授专业理论知识；掌握铣工技能操作指导的基本方法（讲授、演示、辅导和效果评价）；能对本职业三级/高级及以下人员进行加工操作能力的培训指导。项目考核要求：

1）铣工专业理论讲授要求：掌握金属切削加工相关基础理论和铣工工艺专业理论，能培训指导本职业高级及以下人员掌握铣削加工专业理论。

2）铣工操作能力指导要求：指导按图样确定铣削加工工艺的方法，能根据加工工艺完成专题加工内容。

3）指导效果评定要求：包括加工过程能力（工艺步骤、操作能力、加工件的质量检验等）和综合能力（包括质量分析能力等）的评定。

● 考核重点

掌握专业理论和专题零件加工的基本步骤和方法；具备课堂、现场讲授和演示、指导能力。

● **考核难点**

专题零件铣削加工步骤、方法确定指导；现场培训讲授、演示结合的指导能力；培训指导效果的评价。

● **试题样例**

1. 考核图样（图 7-36）

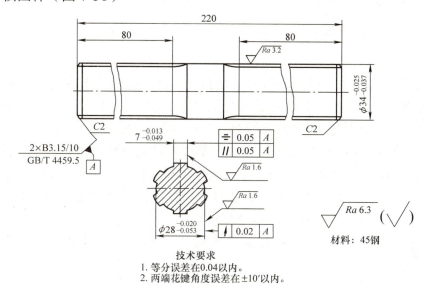

图 7-36 双头外花键零件图

2. 考核要求

（1）考核内容

1）根据图 7-36 所示的双头外花键工件，现场使用计算机编写操作技能培训指导讲义提纲。

2）查阅技术手册和相关资料，现场编制加工工艺过程，并选择刀具、装夹方式、切削液、量具、机床等。

3）课堂与现场讲授、演示加工操作的方法（课堂讲授可使用加工步骤演示视频）。

4）现场辅导和加工难点指导，工件质量检验和评分。

5）培训讲授达到基本要求、符合技能培训的主要环节和步骤、培训指导效果判定等作为主要项目。有关现场布置、计算机文件制作等作为一般项目。

（2）考核时间　4h。

（3）安全文明环境　培训指导教室和操作演示场地整洁，相关手册、书籍、器具等摆放整齐。

（4）操作技能培训指导讲义编制应符合传阅和指导要求，未达到基本要求，扣除总得分的 20%。

(5）培训指导讲授、演示效果判定　按参与观摩人员的平均评分（占项目得分40%）和监考人员的评分（占项目得分60%）组合确定。培训指导演示中途停止，无法完成，考核不及格。

3. 考核评分表

关注"大国技能"微信公众号，回复"高级技师7.6.2"查看本项目考核评分表。

*实训项目4　工件铣削加工专题质量分析培训指导演示

● **考核目标**

掌握铣削加工质量检验、分析的培训指导方法，包括课堂和现场讲授质量检验和分析有关理论知识；掌握检验操作指导的基本方法；能对本职业三级/高级及以下人员进行检验作业和质量分析能力的培训指导。项目考核要求：

1）零件质量检验专业理论讲授要求：掌握零件测量相关基础理论和铣工工艺专业理论，能培训指导本职业高级及以下人员掌握质量检验、分析专业理论。

2）零件质量检验能力指导要求：指导按图样确定零件质量检验的方法，能根据加工工艺完成专题加工件的检验和质量分析。

3）指导效果评定要求：包括检验过程能力（量具使用、检验操作等）和质量分析能力的评定。

● **考核重点**

掌握专题零件加工检验的基本步骤和方法；具备课堂、现场讲授和演示、指导能力。

● **考核难点**

专题零件检验步骤、方法指导；现场检验培训讲授、演示结合的指导能力；培训指导效果的评价。

● **试题样例**

1. 考核图样（图7-37）

2. 考核要求

（1）考核内容

1）根据图7-37所示的龙门刨床右立柱图样，现场使用计算机编写加工质量分析技能培训指导讲义提纲。

2）按图样分析主要加工表面几何精度要求，现场编制加工工艺过程（表7-8），并选择机床及加工方式和检验方法等。

3）课堂讲授、PPT演示主要加工表面加工步骤和检验操作的方法。

4）现场辅导和主要测量项目指导，工件质量检验和分析。

5）培训讲授达到基本要求、质量检验和分析演示的主要环节和步骤、培训指导效果判定等作为主要项目。有关现场布置、计算机文件制作等作为一般项目。

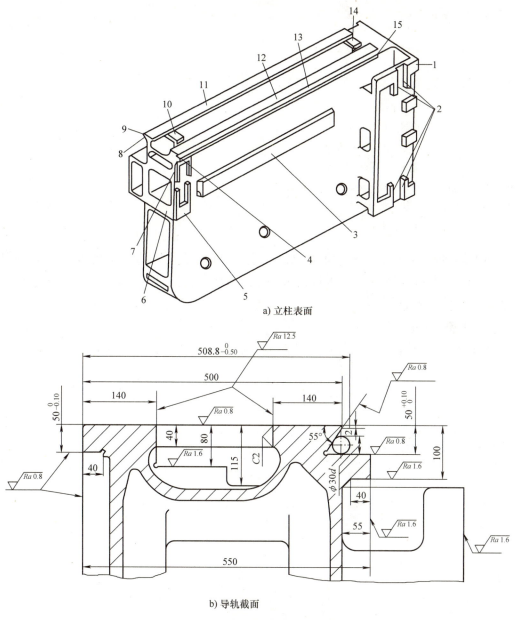

a) 立柱表面

b) 导轨截面

图 7-37 龙门刨床右立柱表面

（2）考核时间　4h。

（3）安全文明生产　培训指导教室和操作演示场地整洁，相关手册、书籍、器具等摆放整齐。

（4）质量检验与分析培训指导讲义提纲编制应符合传阅和指导要求，未达到基本要求，扣除总得分的 20%。

表7-8 龙门刨床立柱

序号	表面号	主要表面及几何精度要求	龙门铣床加工方式	检验量具和检验方法
1	1	与床身配装结合面：		
2	2	立柱与床身拼装定位面：		
3	3	坐标面：		
4	4	导轨燕尾斜面：		
5	11、12	导轨平面：		
6	13	燕尾导轨台阶面：		
7	5	与连接梁拼装接合面：		
8	6	与龙门顶拼装接合面：		
9	10、14	丝杠座装配接合面：		
10	7、8	导轨压板滑动面：		
11	9	平导轨侧面：		

（5）培训指导讲授、演示效果判定 按参与观摩人员的平均评分（占项目得分40%）和监考人员的评分（占项目得分60%）组合确定。培训指导演示中途停止，无法完成，考核不及格。

3.考核评分表

关注"大国技能"微信公众号，回复"高级技师7.6.4"查看本项目考核评分表。

第8部分 模拟试卷样例

理论知识考试模拟试卷

试卷一

一、判断题（对的画√，错的画×；每题1分，共20分）

1. 圆柱凸轮的螺旋槽属于直线螺旋面。（　）
2. 成批量生产方式的特点是按一定的节拍长期不变地生产某一两种零件。（　）
3. 在铣削加工过程中尺寸链换算错误属于工艺和操作不当对加工精度造成影响的因素。（　）
4. 提高矩形花键的铣削加工精度可以采用高速铣削方式。（　）
5. 拼组机床铣削加工必须有专用的机座固定机床。（　）
6. 在立式铣床上仿形铣削加工的仿形夹具，安装滚轮的仿形杆的长度最好是固定的。（　）
7. 设计铣床夹具时，为了能以较小的夹紧力夹紧工件，应使铣削力指向主要定位基准。（　）
8. 液压虎钳在铣削过程中会产生较大的振动。（　）
9. 移动分度销可实现在不同孔圈的角度分度组合。（　）
10. 铣刀的标注角度是指刀具的动态几何角度。（　）
11. 万能分度头装配后，应对蜗杆副的啮合间隙进行反复调整，才能达到分度机构的啮合精度要求。（　）
12. 光学分度头的度盘的分度误差是变动的，必要时可以在测量结果中予以修正。（　）
13. 对于任意一把铣刀，无论参考系如何变动，工作法楔角是一个不变的常量。（　）

14. 在铣削面积不变的情况下，切下宽而薄的切屑比切下窄而厚的切屑省力。
( )
15. 数控程序中没有书写顺序号，就不能使用 GOTO 语句。 ( )
16. 只有实体模型可作为 CAM 的加工对象。 ( )
17. 数控 CAM 编程时，曲面的粗加工优先选择球头立铣刀。 ( )
18. 数控程序中断退出后，可以从中断处重新启动加工。 ( )
19. 数控镗削大直径深孔，采用单刃镗刀镗削，可以纠正孔的轴线位置。( )
20. 数控刚性攻螺纹时，丝锥必须夹持在浮动刀轴中，使其具有浮动功能。
( )

二、选择题（将正确答案的序号填入括号内）

（一）单项选择题（每题 1.5 分，共 30 分）

1. 铣削批量较大、素线较短的不规则盘状和板状封闭直线成形面时可采用（　　）铣削加工方法。
   A. 仿形　　　　　　　　　　B. 分度头圆周进给
   C. 回转台圆周进给　　　　　D. 复合进给

2. 在仿形铣床上铣削立体曲面需要合理选择铣削方式，有凹腔和凸峰的曲面可采用（　　）方式。
   A. 分行仿形　　　　　　　　B. 轮廓仿形
   C. 立体曲线仿形　　　　　　D. 连续仿形

3. 圆柱面螺旋槽铣削加工中存在干涉现象，铣削干涉是由不同直径的螺旋角变动和盘形铣刀的曲率半径引起的，干涉会影响螺旋槽的（　　）。
   A. 导程　　　B. 螺旋角　　　C. 槽形　　　D. 槽深

4. 在使用光学分度头测量时，测量误差可以在测量结果中进行修正的是（　　）误差。
   A. 两顶尖不同轴　　　　　　B. 拨动装置
   C. 工件装夹　　　　　　　　D. 度盘分度

5. 在使用万能分度头铣削时，若发现蜗轮有局部磨损，为保证等分加工精度，可采用（　　）的方法进行使用。
   A. 调整蜗杆副间隙　　　　　B. 调整蜗杆轴向间隙
   C. 调整主轴间隙　　　　　　D. 避开蜗轮磨损区域

6. 作用在铣刀上的铣削力可以沿切向、径向和轴向分解成三个互相垂直的分力，（　　）力是消耗铣床功率的主切削力，因此是计算铣削功率的依据。
   A. 背向　　　B. 切削　　　C. 进给　　　D. 背向和进给

7. 刃倾角的大小是通过改变铣刀的实际前角而影响铣削力的，增大（　　）可使得铣削时进给力增大。

  A. 后角   B. 前角

  C. 刃倾角（螺旋角）   D. 主偏角

8. 波形刃铣刀把原来由一条切削刃切除的宽切屑，分割成很多小块，大大减小了（　　），增加了（　　），使切削变形减少，铣削力和铣削功率下降。

  A. 切削速度；背吃刀量   B. 切削厚度；切削宽度

  C. 切削宽度；切削厚度   D. 背吃刀量；切削速度

9. 交错齿三面刃铣刀的同一端面上刀齿的前角（　　）。

  A. 均是负值   B. 均是正值

  C. 一半是正值另一半是负值   D. 负值或正值

10. 铣削交错齿三面刃铣刀端面齿槽时，专用心轴通过螺杆与凹形垫圈紧固在分度头主轴上。嵌入分度头主轴后端的凹形垫圈的作用是（　　）。

  A. 防止螺杆头部妨碍扳转分度头   B. 增加心轴与分度头的连接强度

  C. 减小螺杆长度   D. 提高心轴的定位精度

11. 铣削交错齿三面刃铣刀齿槽时，应根据廓形角选择铣刀结构尺寸，同时还须根据螺旋角选择（　　）。

  A. 铣刀切削方向   B. 铣刀几何角度

  C. 铣刀材料   D. 铣刀齿数

12. 铣削交错齿三面刃铣刀螺旋齿槽时，由于干涉，铣成的前面与端面的交线一般是（　　）。

  A. 凸圆弧曲线   B. 直线

  C. 凹圆弧曲线   D. 折线

13. 铣削交错齿三面刃铣刀端面齿槽时，若前面连接较平滑，而棱边出现内外宽度不一致的现象，应微量调整（　　）。

  A. 工作台横向偏移量   B. 分度头主轴倾斜角

  C. 分度手柄   D. 工作台垂向位置

14. 数控加工中为保证多次安装后表面上的轮廓位置及尺寸协调，常采用（　　）原则。

  A. 基准重合 B. 基准统一 C. 自为基准 D. 互为基准

15. 数控加工中心进给系统的驱动方式主要有（　　）和液压伺服进给系统。

  A. 气压伺服进给系统   B. 电气伺服进给系统

  C. 气动伺服进给系统   D. 液压电气联合式

16. 数控机床FANUC系统中，下列程序所加工圆弧的圆心角约为（　　），N10 G54 G90 G00 X100.Y0；N20 G03 X86.803 Y50. I-100. J0 F100；

  A. 75°   B. 45°   C. 60°   D. 30°

17. 某系统调用子程序的格式为 M98 P×××××××；表示该系统每次最多调用子程序（　　）次。

　　A. 9　　　　　　B. 99　　　　　　C. 1　　　　　　D. 999

18. 数控子程序调用可以嵌套（　　）级。

　　A. 4　　　　　　B. 5　　　　　　C. 3　　　　　　D. 2

19. 数控主程序调用一个子程序时，假设被调用子程序的结束程序段为 M99 P0010；该程序段表示（　　）。

　　A. 跳转到子程序的 N0010 程序段　　B. 再调用 O0010 子程序
　　C. 调用子程序 10 次　　　　　　　D. 返回到主程序的 N0010 程序段

20. 数控铣床的机床零点，由制造厂调试时存入机床计算机，该数据一般（　　）。

　　A. 临时调整　　B. 能够改变　　C. 永久存储　　D. 暂时存储

（二）多项选择题（每题 2 分，共 20 分）

1. 铣削较复杂的箱体零件时，主要技术要求有（　　）。

　　A. 轴孔精度
　　B. 轴孔相互位置精度
　　C. 轴孔与平面的相互位置精度
　　D. 平面精度
　　E. 角度位置精度
　　F. 铸件精度
　　G. 时效处理

2. 铣削过程中引起铣削振动的原因有（　　）。

　　A. 铣削方式　　B. 铣刀刚度　　C. 工件刚度　　D. 装夹方式
　　E. 刀杆长度　　F. 铣刀材料　　G. 工件形状

3. 在铣削过程中按一定的规律改变铣削速度，可以使铣削振动幅度降低到恒速铣削时的 20% 以下。可使变速铣削的抑振效果明显提高的主要措施有（　　）。

　　A. 增大变速幅度　　B. 提高进给速度　　C. 尽可能提高转速　　D. 提高变速频率
　　E. 减小铣削深度　　F. 增加铣削面积　　G. 变换进给速度

4. 使用精度稍低于需求的铣床加工，应通过（　　）等主要措施来提高铣床的铣削精度。

　　A. 调整铣削方式
　　B. 对机床进行精度检测
　　C. 提高工件刚度
　　D. 变换装夹方式
　　E. 控制刀杆长度

F. 合理的间隙调整

G. 借助精度较高的测微量仪，以提高机床工作台的位移精度

5. 采用拼组机床铣削大型零件，具有的主要特点有（　　）。

A. 大型零件绝大部分不做运动

B. 工件仅做简单的回转运动或间歇分度运动

C. 拼组机床没有专用的机座

D. 拼组的机床部件根据零件的被铣削部位就位

E. 加工装置按零件被铣削部位的要求，用通用机床或部件拼组而成

F. 具有数显装置

6. 铣削力的计算比较复杂，铣削力是（　　）等方面的函数。

A. 铣削层金属弹性变形

B. 侧吃刀量 a_p

C. 背吃刀量 a_e

D. 每齿进给量

E. 铣刀齿数

F. 铣刀直径

G. 工件温度

7. 铣床气动系统的预防性维护的要点有（　　）。

A. 保证气动元件中运动零件的灵敏性

B. 提高控制精度

C. 降低运动部件灵敏度

D. 保持气动系统的密封性

E. 保证空气中含有适量的润滑油

F. 保证压缩空气的洁净

8. 数控铣床发展的方向是（　　）。

A. 高速度　　　　　　　B. 专用铣床

C. 高精度　　　　　　　D. 高效率

E. 人工智能化　　　　　F. 柔性化

G. 自动化

9. 铣削加工常用的专用检具有（　　）。

A. 游标卡尺　　　　　　B. 千分尺

C. 指示表　　　　　　　D. 塞尺

E. 光滑量规　　　　　　F. 直线量规

G. 位置量规　　　　　　H. 样板量规

10. 铣削加工圆弧锥齿轮，主要调整项目是（　　）。
A. 刀具角度　　B. 对中　　C. 切削液　　D. 轮位
E. 交换齿轮　　F. 进给量　　G. 主轴转速　　H. 背吃刀量
I. 刀位

三、计算题（每题 4 分，共 8 分）

1. 修配一齿形链链轮，测得其齿距为 $p = 12.70\text{mm}$，齿数为 $z = 31$，试计算：（1）分度圆直径 d；（2）顶圆直径 d_a；（3）齿槽角 β 和齿面角 γ。

2. 选用 F11125 型分度头装夹工件，在 X6132 型铣床上铣削交错齿三面刃铣刀螺旋齿槽，已知工件外径 $d_0 = 100\text{mm}$，刃倾角 $\lambda_s = 15°$。试计算导程 P_h、速比 i 和交换齿轮。

四、分析、设计题（每题 4 分，共 12 分）

1. 试分析在螺旋面铣削加工中应用双分度头解决小导程和大导程难题的传动系统原理。
2. 试分析圆盘凸轮加工中的顺逆铣和端面凸轮铣削中引起"凹心"现象的原因。
3. 制订铣削加工模数为 20mm，齿数为 100 的大型直齿圆柱齿轮的铣削加工方案。

五、数控编程题（10 分）

按图 8-1 所示零件简图，通过计算机软件计算各坐标点的坐标值，并编制凸凹模型面的数控加工程序。

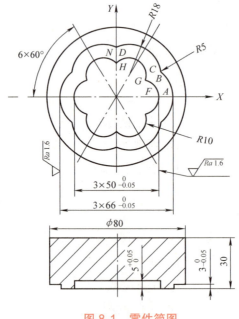

图 8-1　零件简图

*试卷二

一、判断题（对的画√，错的画×；每题1分，共20分）

1. 在仿形铣床上铣削立体曲面最常用的是分行仿形法。（　）
2. 对于中小惯量的铣床，"变速铣削"采用正弦波和锯齿波等有平顶特性的变速波形，抑振效果比较好。（　）
3. 大型零件加工拼组机床定位时，可利用工件上所需加工表面的划线找正进行定位。（　）
4. 被称为现代"测量中心"的三坐标测量机能与柔性系统连接，测量后可以制备数控加工控制程序。（　）
5. 非函数曲线做导线的直线成形面可以采用投影法取得各点的坐标值，获取坐标值应一个方向固定移动单位量。（　）
6. 铣床夹具易损件允许的最大磨损值一般规范规定，夹具对机床的定位不得超出夹具所设计的公差。（　）
7. 目前使用最普遍的用户宏程序是A类宏程序。（　）
8. 变量号也可以用变量表示。（　）
9. 当用变量时，变量值只能通过程序赋值。（　）
10. 变量乘法和除法运算的运算符用 * 和 / 表示。（　）
11. 专用夹具使用组合铣刀进行对刀操作时，应注意按对刀位置设计的指定铣刀进行对刀。（　）
12. 在定义铣刀静态几何角度时，假定的主运动方向平行于切削刃选定点径向平面。（　）
13. 工件切削层金属、切屑和工件表面层金属的弹性变形所产生的抗力，是铣削力的主要来源之一。（　）
14. 强度和硬度相近的材料，若塑性较大，铣削力就越大。（　）
15. 在相同力的作用下，具有较高刚度的工艺系统产生的变形较大。（　）
16. 数控程序中的子程序不能单独执行。（　）
17. 数控铣削使用的球头立铣刀的刀位点一般为球心。（　）
18. 数控加工轮廓型面零件的基点坐标计算可以借助CAD软件完成。（　）
19. 已知直线的起点$O(0,0)$，终点$E(8,4)$，则A点$(9.6,4.6)$位于该直线延长线上。（　）
20. G91 G03 X-4. Y2. I-4. J-3. F100.；程序段所加工的圆弧半径是5mm。（　）

二、选择题（将正确答案的序号填入括号内）

（一）单项选择题（每题2分，共10分）

1. 在使用光学分度头测量时，测量误差可以在测量结果中进行修正的是（　　）误差。
   A. 两顶尖不同轴　　　　　　　　B. 拨动装置
   C. 工件装夹　　　　　　　　　　D. 分度盘分度

2. 在铣削过程中按一定的规律改变铣削速度，可以使铣削振动幅度降低到恒速铣削时的20%以下。主要抑振措施是在一定范围内（　　）。
   A. 增大变速幅度　　　　　　　　B. 减小变速频率
   C. 增大进给量　　　　　　　　　D. 提高转速

3. 在确定铣刀静态坐标系时，规定假定主运动方向垂直于切削刃选定点（　　）平面，而假定进给运动方向垂直于铣刀轴线。
   A. 径向　　　B. 切向　　　C. 法向　　　D. 横截

4. 数控铣床的机床零点，由制造厂调试时存入机床计算机，该数据一般（　　）。
   A. 临时调整　　B. 能够改变　　C. 永久存储　　D. 暂时存储

5. 数控机床几乎所有的辅助功能都通过（　　）来控制。
   A. 继电器　　B. 主计算机　　C. G代码　　D. PLC

（二）多项选择题（每题2分，共10分）

1. 作用在铣刀上的铣削分力，即铣刀所承受的铣削力可以分解成（　　）三个互相垂直的分力。
   A. 垂向力　　B. 横向力　　C. 背向力　　D. 纵向力
   E. 进给力　　F. 切削力　　G. 法向力

2. 数控机床的FANUC系统中有（　　）转移和循环操作可供使用。
   A. THEN语句　　B. WHILE语句　　C. IF语句　　D. GOTO语句
   E. END语句

3. 任意角度倒角和拐角圆弧过渡程序可以自动地插入在（　　）的程序段之间。
   A. 直线插补和直线插补　　　　B. 直线插补和圆弧插补
   C. 圆弧插补和直线插补　　　　D. 圆弧插补和快速定位
   E. 直线插补和快速定位

4. 目前用户宏程序主要分（　　）。
   A. A类　　　B. B类　　　C. C类
   D. D类　　　E. E类

5. 铣工加工指导操作中的辅导（指导）环节要点是（   ）。
   A. 注意观察被指导者的操作并及时进行纠正
   B. 对关键操作环节进行现场指导
   C. 注意操作提示的及时性和准确性
   D. 把握每一操作细节的指导
   E. 引导被指导者独立思考和分析

三、计算题（每题 6 分，共 12 分）

1. 在立式铣床上用 ϕ12mm 立铣刀兼铣直线端面齿形滚子链链轮齿沟圆弧和齿侧，链轮的参数为：节圆直径 $d = 145.95$mm，外径 $d_a = 157.75$mm，齿槽角 $\beta = 60°$。试计算：（1）铣削链轮齿一侧时，工作台偏移量 s 和升高量 H；（2）铣削另一侧时，工作台反向偏移量及升高量。

2. 修配一蜗杆副，测得蜗杆的齿顶圆直径 $d_{a1} = 26.4$mm，配偶蜗轮的外径 $D_2 = 172$mm，$z_1 = 1$，$z_2 = 82$。试计算模数 m，蜗轮齿顶圆直径 d_{a2} 和中心距 a。

四、分析、设计题（每题 6 分，共 30 分）

1. 试分析难加工材料的分级与相对切削加工性系数的关系。
2. 试按图 8-2 所示分析直齿锥齿轮加工后接触斑点现象，以及所对应的接触误差原因。

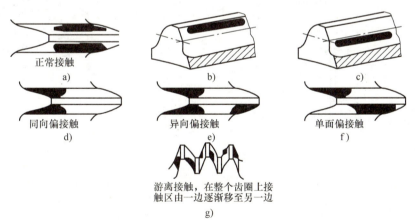

图 8-2　直齿锥齿轮加工后接触斑点现象

3. 按图 8-3 所示零件设计绘制铣削三等分槽简易夹具总图，并对主要组成部分、定位元件和夹紧元件用文字说明设计的依据。
4. 按图 8-4 所示，组装铣削加工半圆键槽的组合夹具，并进行组装精度检测，用文字简要说明元件选择的依据和组装过程。
5. 简述图 8-1 所示凸凹模零件的数控加工刀具路径和数控加工步骤等工艺要点。

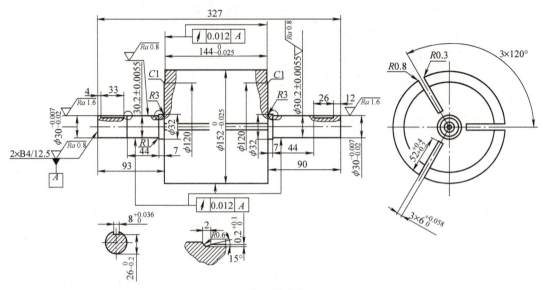

图 8-3 带三等分槽的零件

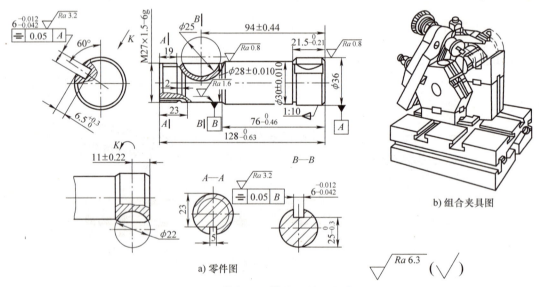

a) 零件图

图 8-4 带半圆键槽的工件组合夹具

五、简答题（每题 4.5 分，共 18 分）

1. 数控加工的基本原理是什么？什么是数控系统？什么是数控机床？简述多轴数控铣床的基本概念。

2. 怎样在数控铣削中解决加工难题？简述仿形铣削与数控铣削的不同之处。

3. 数控程序包括哪些基本组成部分？

4. 数控铣削加工编程应掌握哪些基本指令？数控加工复杂特形工件时的造型、编程和仿真加工常应用哪些计算机软件？

理论知识考试模拟试卷参考答案

试卷一

一、判断题

1. ×　　2. ×　　3. √　　4. √　　5. ×
6. ×　　7. √　　8. ×　　9. √　　10. ×
11. √　　12. ×　　13. ×　　14. ×　　15. √
16. ×　　17. ×　　18. √　　19. √　　20. ×

二、选择题

（一）单项选择题

1. A　　2. B　　3. C　　4. D　　5. D
6. B　　7. C　　8. C　　9. C　　10. A
11. A　　12. C　　13. B　　14. B　　15. B
16. D　　17. D　　18. A　　19. D　　20. C

（二）多项选择题

1. ABCD　　2. ABCDEG　　3. AD　　4. BFG　　5. ABCDE
6. BCDEF　　7. ADEF　　8. ABCDEFG　　9. EFGH　　10. DI

三、计算题

1、2. 答案分别参见技师、高级技师篇第 6 部分理论知识考核指导模块 3 计算、分析、设计题 2、5 参考答案。

四、分析、设计题

1、2. 答案分别参见技师、高级技师篇第 6 部分理论知识考核指导模块 1 计算、分析、设计题 5、6 参考答案。

3. 采用拼组机床加工方法，注意设计动力铣头运动方向和加工位置、铣刀形式和参数、齿轮等分及其齿轮测量等主要加工难题。

五、数控编程题

参见第 6 部分理论知识考核指导模块 1 计算、分析、设计题 4 参考答案。编程部分参见铣工技师、高级技师教材有关内容。

*试卷二

一、判断题

1. √　　2. ×　　3. √　　4. √　　5. √
6. √　　7. ×　　8. √　　9. ×　　10. √
11. √　　12. ×　　13. √　　14. √　　15. ×
16. ×　　17. √　　18. √　　19. ×　　20. √

二、选择题

（一）单项选择题

1. D　　2. A　　3. A　　4. C　　5. D

（二）多项选择题

1. CEF　　2. BCD　　3. ABC　　4. AB　　5. ABCE

三、计算题

1. 解参见技师、高级技师篇第6部分理论知识考核指导模块3计算、分析、设计题3参考答案。

2. 解参见高级工篇第2部分理论知识考核指导模块3计算题5参考答案。

四、分析、设计题

1. 参见技师、高级技师篇第6部分理论知识考核指导模块2计算、分析、设计题3参考答案。

2～5. 参见配套教材铣工技师、高级技师相关内容进行分析、设计。

五、简答题

参见技师、高级技师篇第6部分理论知识考核指导模块3计算、分析、设计题6、7、8、9参考答案。

技能操作考核模拟试卷

试卷一

1. 考件图样（图8-5）
2. 考核准备

1）零件图样一份。

2）加工设备：数控铣床（或加工中心）一台。

3）工件毛坯材料和尺寸：45钢，102mm×102mm×40mm。

4）夹具：机用虎钳（钳口张开尺寸大于100mm）。

5）刀具：切削45钢用高速钢平头立铣刀（切削刃过中心）标准型 ϕ6mm、ϕ8mm、ϕ10mm、ϕ12mm，ϕ8mm（90°）倒角刀。

6）量具：高精度机械寻边器分中棒，杠杆千分表（0～0.8mm），游标卡尺（带深度0～150mm），外径千分尺（0～25mm、25～50mm、50～75mm、75～100mm），塞尺一套，数控铣床机械加工表面粗糙度比较样块（Ra0.8～6.3μm），M8-6h、ϕ8mm-7h塞规。

7）其他：等高垫块2块（按机用虎钳配备）、6in细扁锉。

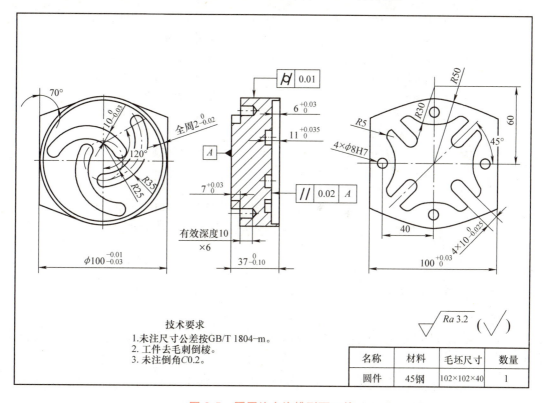

图8-5　圆周均布沟槽型面工件

3.考核要求

(1)考核内容

1)按零件图样完成数控加工程序编制。

2)按零件图样在数控铣床上完成零件加工。

(2)工时定额 4h(可按设备等条件具体拟定;采用超时累计时段扣分方法,超时0.5h不评分)。

(3)安全文明生产 符合数控机床操作规范;达到国家、企业标准和规定,工作场地整洁,工、量、卡具摆放整齐合理。

(4)以下情况为否决项(出现以下情况不予评分,按0分计)

1)任一项的尺寸或几何误差超差0.5mm以上,不予评分。

2)零件加工不完整或有严重的碰伤、过切,不予评分。

3)操作时发生撞刀等严重生产事故者,立刻终止其鉴定。

4)同类刀具正常磨损允许调换一次,否则不予评分。

4.评分表(表8-1)

表8-1 数控铣削零件考核评分表

工件编号					考核时间	240min
项目	序号	评价要素	配分	评分标准		得分
CAD造型	1	R50mm、100mm外形特征	4分	错误一处扣2分,扣完为止		
	2	2mm薄壁特征	4分	错误不得分		
	3	3mm×10mm槽特征	6分	错误一处扣2分,扣完为止		
	4	底面棘轮特征	6分	错误一处扣2分,扣完为止		
	5	孔特征	6分	错误一处扣2分,扣完为止		
	6	倒角特征	4分	错误一处扣1分,扣完为止		
零件加工	7	公差尺寸检验	30分	超差一处扣4分,扣完为止		
	8	未注公差尺寸检验	20分	超差一处扣2分,扣完为止		
	9	几何公差检验	8分	超差一处扣4分,扣完为止		
	10	表面粗糙度检验	6分	超差一处扣2分,扣完为止		
	11	安全文明生产	6分	发现一次扣2分,扣完为止		
		合计配分	100分	合计得分		

*试卷二

1.考件图样(图8-6)

2.考核准备

1)按图样材料准备坯件:120mm×100mm×60mm、30mm×30mm×30mm各一块。

2)加工设备:数控铣床(或加工中心带4、5轴)一台,配备CAD/CAM软件计算机一台,机床与计算机连接线。

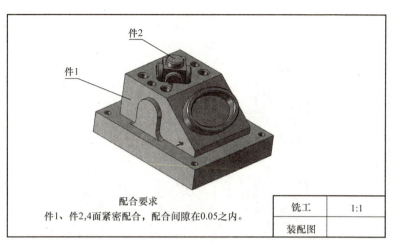

a) 装配图

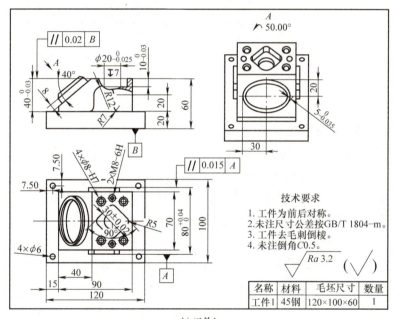

b) 工件1

图 8-6 配合件数控铣削零件图

3）夹具：液压卡盘。

4）刀具：切削铝合金、45钢用平头立铣刀（切削刃过中心）标准型 ϕ6mm、ϕ8mm、ϕ10mm、ϕ12mm，ϕ8mm（90°）倒角刀，ϕ6.8mm麻花钻，M8丝锥，加工 ϕ20mm 孔镗刀。

5）量具：高精度国产机械寻边器分中棒，杠杆千分表（0～0.8mm）；游标卡尺（带深度0～150mm）；外径千分尺（0～25mm、25～50mm、50～75mm、75～100mm）；塞尺一套；数控铣床机械加工表面粗糙度比较样块（Ra0.8～6.3μm）；ϕ8-7h、M8-6h 塞规。

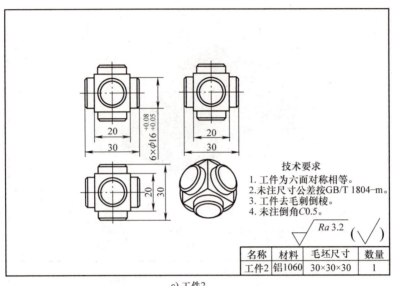

c) 工件2

图 8-6 配合件数控铣削零件图(续)

3. 考核要求

(1) 考核内容

1) 根据零件图样编写数控铣床加工工艺。

2) 根据零件图样完成编程和零件加工。

3) 同类刀具正常磨损允许调换一次。

4) 以下情况为否决项(出现以下情况不予评分,按0分计)

① 任一项的尺寸或几何误差超差0.5mm以上,不予评分。

② 零件加工不完整或有严重的碰伤、过切,不予评分。

③ 操作时发生撞刀等严重生产事故者,立刻终止其鉴定。

(2) 工时定额 7h(也可按具体设备情况试加工后拟定)。

(3) 安全文明生产 达到国家和企业标准与规定,工作场地整洁,工、量、卡具摆放整齐合理;数控加工中心按规范进行操作。

4. 考核评分表(表8-2)

表8-2 评分表

工件编号					考核时间	420min
项目	序号	评价要素	配分	评分标准		得分
零件一 CAD造型	1	120mm×100mm底板及孔特征	2分	错误一处扣1分,扣完为止		
	2	上表面形状特征及孔特征	8分	错误一处扣2分,扣完为止		
	3	40°斜面特征及椭圆特征	6分	错误一处扣2分,扣完为止		
	4	左右凸台特征	2分	错误一处扣1分,扣完为止		
	5	倒角特征	2分	错误一处扣1分,扣完为止		

（续）

工件编号			考核时间		420min
项目	序号	评价要素	配分	评分标准	得分
零件二 CAD 造型	6	30mm×30mm×30mm 外形特征	4 分	错误不得分	
	7	六面圆柱特征	6 分	错误一处扣 1 分，扣完为止	
加工工艺	8	工步内容、切削参数	14 分	错一内容扣 2 分，扣完为止	
	9	其他项目	3 分	错一内容扣 1 分，扣完为止	
	10	刀具选择	3 分	错一内容扣 1 分，扣完为止	
零件一 加工	11	公差尺寸检验	12 分	超差一处扣 2 分，扣完为止	
	12	未注公差尺寸检验	6 分	超差一处扣 1 分，扣完为止	
	13	几何公差检验	4 分	超差一处扣 2 分，扣完为止	
	14	表面粗糙度检验	4 分	超差一处扣 1 分，扣完为止	
零件二 加工	15	公差尺寸检验	6 分	超差一处扣 1 分，扣完为止	
	16	未注公差尺寸检验	4 分	超差一处扣 1 分，扣完为止	
	17	表面粗糙度检验	4 分	超差一处扣 1 分，扣完为止	
组件配合	18	配合间隙 0.02mm	6 分	超差一处扣 1 分，扣完为止	
零件加工	19	安全文明生产	4 分	发现一次扣 2 分，扣完为止	
		合计配分	100 分	合计得分	